重庆市教育委员会人文社会科学研究项目

项目名称："大国工匠 能工巧匠"视域下高职院校思想政治理论课研究与探索（项目编号：20SKSZ110）

大国工匠精神：

筑匠心育匠人

王 郡　蒋利佳　潘家玲　著

吉林文史出版社

图书在版编目（CIP）数据

大国工匠精神：筑匠心育匠人／王郡，蒋利佳，潘家玲著．— 长春：吉林文史出版社，2024.4
ISBN 978-7-5752-0183-4

Ⅰ．①大… Ⅱ．①王… ②蒋… ③潘… Ⅲ．①职业道德－研究－中国 Ⅳ．① B822.9

中国国家版本馆 CIP 数据核字 (2024) 第 085779 号

大国工匠精神：筑匠心育匠人
DAGUO GONGJIANG JINGSHEN : ZHU JIANGXIN YU JIANGREN

著　　者：王　郡　蒋利佳　潘家玲
责任编辑：李　丽
出版发行：吉林文史出版社
电　　话：0431-81629359
地　　址：长春市福祉大路 5788 号
邮　　编：130117
网　　址：www.jlws.com.cn
印　　刷：河北万卷印刷有限公司
开　　本：710mm×1000mm 1/16
印　　张：14.5
字　　数：220 千字
版　　次：2024 年 4 月第 1 版
印　　次：2024 年 4 月第 1 次印刷
书　　号：ISBN 978-7-5752-0183-4
定　　价：88.00 元

前 言

　　大国工匠精神源于中国深厚的文化传统和历史积淀，丰富发展于改革开放以来的实践磨砺。它不仅包括专注于工艺、追求精湛的专业精神，更体现出坚守原则、精益求精、勇于创新、服务社会的精神内核。在这个知识经济时代，如何理解和传承这种精神，对于每一位大学生，乃至整个社会来说，都有着重要的意义。

　　人是实践的主体，无论在任何时代，人才都是推动社会发展最核心的力量之一，在当今时代，人才同样也是企业最重要的生产要素之一，企业的竞争不仅是资本和技术的竞争，也是人才培养和创新驱动的竞争。具有良好职业素养和工匠精神的劳动者队伍的发展和壮大，必须重视新时代高素质应用型人才的培养，而高素质的应用型人才，不仅需要具备扎实的专业本领，还需要具备良好的职业道德与较高的综合素质。对于学生来说，要想成为一个真正合格的职业工人，也不能只关注技能的学习与训练，还需要具备崇尚的职业理想、良好的职业道德、细致的工作态度、严谨的职业规范。

　　大学生是社会的未来和希望，他们的成长路径、思维方式和行为举止，都将对未来的社会产生深远影响。如何在大学阶段就培养他们树立工匠精神，不仅需要教育者对此有深入的理解和把握，更需要一套科学、系统的教育方案。本书通过对大国工匠精神的深入探索和大学生工匠精神培育的理论与实践研究，希望可以探寻出一条立足于高校应用型人才培养的大国工匠精神传承与创新路径。

　　本书首先详细介绍了大国工匠精神的内涵、发展历程及时代价值。从深厚的文化传统和历史积淀中，探寻大国工匠精神的根源，探讨其在改革开放以来的演变，及其在当下社会中的应用和价值。同时，本书还从宏观视角分析了大学生大国工匠精神培育的背景，探讨了面临的机遇与挑战，并进一步阐述了大学生工匠精神培育的时代价值。其次，本书对于大国工匠精神培育的理论基础以及实践路径进行了深入研究，从人力资本理论、"以人为本"教育理念、能力本位教育理念及协同理论等角度出发，探讨了大学生大国工匠精神培育的理论基础，为工匠精神的传承提供理论支持。同时，探寻如何在教育实践中培养和激发大学生的工匠精神，包括更新人才培养理念、完善课程体系建设、优化教学方法及科学构建评价体系等方面，并为大国工匠精神培育构建了相对完善的保障体系。再次，本书针对创新能力与职业素养这两个与社会发展、学生成长密切相关的素质，结合大国工匠精神培育对其进行了详细的分析。最后，本书从以爱国主义为核心的大学生大国工匠精神培育、校企协同推进大学生大国工匠精神培育及产学研融合理念融入大学生大国工匠精神培育三个方面对大学生大国工匠精神培育的创新探索进行了研究。

本书的前言、第一章、第二章、第三章、第四章由王郡老师撰写，第五章、第六章由蒋利佳老师撰写，第七章、第八章由潘家玲老师撰写。鉴于著者水平有限，书中难免存在一些不足，敬请各位同行及专家学者予以斧正。

目 录

第一章　大国工匠精神概述

第一节　大国工匠精神的内涵

一、大国工匠精神的构成

大国工匠精神是社会文明进步的重要标志。它映射出长期社会实践发展所形成的人类社会的普遍价值观。工匠，作为职业群体的代表，他们的天职就是通过持续优化自己的作品，对产品进行细致的塑造与修缮，以及对工艺流程不断进行改进和提升，从而达到完美的工艺水平。工匠群体特别重视对细节的把握，他们追求工艺和产品的完美和极致，坚持以最高的质量标准打造优秀的产品。这种对卓越的追求和对创新的探索，构成了我们现在所推崇的大国工匠精神。大国工匠精神是随着时代文明的进步而生长并与时俱进的技术、实践和道德追求的一种精神体现，与社会经济的发展趋势紧密相关。大国工匠精神主要包括以下四个方面。

（一）爱岗敬业

敬业是对从业者的基本要求，是工匠精神在当今时代最基本的构成要素之一，敬业是从业者基于对职业的敬畏和热爱而产生的一种全身心投入的认认真真、尽职尽责的职业精神状态。中华民族历来有"敬业乐群""忠于职守"的传统，敬业是中国人的传统美德，也是当今社会主义核心价值观的基本要求之一。

爱岗敬业，是一个朴素而深远的词语，它是对职业敬畏和热爱的具体表达，更是对个体精神境界的一种升华。这种职业精神基于个体内心深处对自己工作岗位的热爱和尊重，对社会责任的认知和追求，以及对个人价值的坚持和实现，这也是中华民族的传统美德之一。这种价值观念的根植，使得每一位从业者都能以更高的标准要求自己，以更大的热情投入工作，以更强的责任感承担起自己的社会角色。在这个快速发展和变化的社会中，爱岗敬业不仅是从业者的基本要求，更是对社会主义核心价值观的回应和实践。社会主义核心价值观倡导人们尊重劳动、尊重知识、尊重人才、尊重创新，其中，对劳动的尊重就体现在对工作的热爱和对职责的敬畏上，这正是爱岗敬业的内涵所在。

爱岗敬业是大国工匠精神在生产实践中的一种表现。在每一个产业领域，无论是前沿科技还是传统行业，都需要这样一群人，他们对于自己的工作充满热情，对于技术有着深入的理解和掌握，对于创新有着无尽的追求。他们用自己的知识和技能，服务于社会，推动产业发展，推进社会进步。他们热爱自己的岗位、尊重自己的职业，在平凡的岗位上展现出不平凡的精神风貌。这个群体就是我们所称的大国工匠，他们的工作态度和精神状态就是我们今天提到的爱岗敬业。

无论是在哪一个行业、哪一个岗位，只要我们全身心投入，敬业乐群，就能感受到工作带给我们的满足感和成就感，就能为社会创造更多的价值，就能在自我实现的过程中实现对社会的贡献。这就是爱岗敬业的真谛，也是大国工匠精神的核心。这不仅是一种职业精神，也是一种人生态度，更是一种文明进步的标志。

（二）精益求精

精益求精指的是从业者对每件产品、每道工序都凝神聚力、精益求精、追求极致的职业品质。所谓精益求精，是指不满足于现状，要求做得更好，"即使做一颗螺丝钉也要做到最好"。正如老子所说："天下大事，必作于细。"

能基业长青的企业，无不是精益求精才获得成功的。

精益求精，是一种精神追求，更是一种职业态度，深入每个人的日常工作之中，体现在从业者在细微处寻找改进的机会，不断优化工作流程，提升产品质量。对于每个细微的环节都尽心尽力，努力寻求最优解，这就是精益求精的工匠精神。这种精神不仅体现在制造业中，无论是教师的教学，医生的治疗，还是服务业的服务，都需要这种精神。无论在哪个行业，都需要对工作有着深厚的热爱和敬畏，对细节有着严谨的追求，对质量有着严格的要求，这样才能做出最好的产品，提供最好的服务。而这种精神的普遍性，也正是其价值之所在。

同时，精益求精也是一种社会责任。每个从业者都是社会的一分子，其以工作为代表的生产实践直接影响到社会的运行和发展。因此，他们需要有对社会责任的深刻认识，对自己的工作有高标准的要求，只有这样，才能对社会做出更大的贡献。这种追求卓越的精神，就是大国工匠精神的体现。大国工匠，他们用自己的知识和技能，为社会创造了无数物质财富和精神财富，他们在平凡的岗位上，展现出了不平凡的精神风貌，因此，他们的工作态度和职业精神，成为我们学习和借鉴的榜样。在这个快速发展和变化的社会中，社会需要更多的大国工匠，他们用自己的双手创造了社会的繁荣和进步，他们用自己的心血铸造了国家的荣耀和辉煌，他们用自己的生命诠释了大国工匠精神的内涵。

大国工匠精神，就是这种爱岗敬业、精益求精的精神。它告诉人们，无论在哪个岗位，无论做什么工作，都应该全身心投入，对工作有着深厚的热爱和敬畏，对细节有着严谨的追求，对质量有着严格的要求。这样，我们才能在工作中体验到乐趣，才能在工作中找到满足，才能在工作中实现自我价值。

（三）执着专注

执着专注就是内心笃定而着眼于细节的耐心、执着、坚持的精神，这是一切大国工匠所必须具备的精神特质。从中外实践经验来看，工匠精神都意味着一种专注执着，即一种几十年如一日的坚持与韧性。一旦选定行业，就一门心思扎根下去，心无旁骛，在一个细分产品上不断积累优势，在各自领域成为"领头羊"。专注是大国工匠的必备特征。工匠精神意味着执着、笃定、坚韧，是"术业有专攻"的坚定信念，能够在一个行业里心无旁骛地积累知识、提升技能，最终成为行业中的佼佼者，成为推动社会发展的重要力量。

工匠精神是对极致的追求，是以一颗敬业的心，投身于自己所从事的事业。专注执着的工匠精神，使得人们在极其琐碎的细节中找到了意义、找到了力量、找到了追求。这种精神让人们一次次克服困难、一次次超越自我、一次次挑战极限。

工匠精神不仅是一种工作态度，也是一种生活态度。它是对生活的热爱、对工作的热情、对美的追求。专注执着的工匠，在琐碎的细节中找到了生活的乐趣，找到了工作的价值。他们在平凡的岗位上，展现出了不平凡的才华。他们的专注、他们的执着、他们的勤奋、他们的坚韧都为我们提供了学习的榜样。在这个快速变化的社会中，我们更需要这种专注执着的工匠精神。我们需要有这种精神，才能在日复一日的工作中找到价值，才能在快速发展的社会中保持竞争力。我们需要有这种精神，才能在困难面前不屈不挠，才能在挑战面前勇往直前。这种精神让我们在平凡的生活中找到了意义，找到了力量。

执着专注的工匠精神让人们理解每一份工作都有其价值，每一项技能都有其意义。只有我们全身心投入，才能体验到工作的乐趣，才能发现工作的价值。只有我们专注执着，才能在平凡中找到不平凡，才能在琐碎中找到宏大。工匠精神是一种品质、一种态度、一种精神。它是对工作的热爱、对细节的追求、对质量的要求。工匠精神让我们明白，每一个细节都有其意义，每一次努力都有其价值。我们每一个人都可以成为一名大国工匠，只要我们有着对工作的热爱、对细节的追求、对质量的要求，全身心投入，专注执着，就能在平凡中找到不平凡，就能在琐碎中找到宏大。

（四）勇于创新

工匠精神还包含着敢于突破、敢于变革的创新意识。古往今来，科技进步离不开工匠们的发明精神，如中国古代的四大发明，工业革命时代的蒸汽机、灯泡、飞机等。在创新力量的推动下，社会发生了翻天覆地的变化。当今时代，创新已经成为引领发展的首要驱动力，在科技水平日益提高和全球化不断深入发展的今天，自主创新能力直接影响着一个国家未来的发展。创业是一种重要的创造性实践，是创新精神在实践领域的重要体现，也是个体实现自我价值，创造更多社会价值的重要途径。

在这个充满机遇与挑战的新时代，我们所处的社会环境不断变化，而工匠精神的内涵也正与时俱进，越发强调勇于创新。创新的力量如同灯塔，引领我们破浪前行。我们无法预知未来，但我们可以借由创新的力量去塑造未来，去勇闯未知。对于每一个大国工匠而言，他们的创新，即是通过精益求精的工作态度与严谨的工作方法，将才能智与智慧，以及他们的热情与毅力注入每一个工艺中，打造出让人眼前一亮的产品。

大国工匠的创新，不仅仅是技术创新，更是一种创新精神的体现。他们对于工作的热爱与执着使他们在技术面前永无止境，他们敢于尝试、敢于冒险，敢于挑战未知的边界。他们对于工艺的专注与热情，使他们在精雕细琢中发现新的可能，他们敢于探索，敢于实践，敢于追求更高、更远。他们对于质量的执着与追求，使他们在追求完美中勇于创新，他们敢于超越、敢于挑战、敢于追求极致。

二、大国工匠精神的时代特征

（一）重视实践

工匠精神首先应该体现在具体实践上。没有具体实践，工匠精神就没有实际意义。工匠精神具备一定的物质性和客观性，反映了客观规律，正如，无论多么精巧的技艺，也无法制造出"永动机"。工匠所掌握的特殊技能作用于客观物质，是一种明显区别于理论研究的实践活动。工匠精神能够充分激发劳动者的积极性和创造性，使工匠在积极精神的指引下更好地进行创新、创造活动。当下，尽管人们已经利用先进的科技制造出机器人来代替人类的部分劳动，但机器人毕竟不具备人的思维，其工作都是重复性和机械性的，无法代替具备创新、创造能力的工匠。当今社会，工匠精神的重要性已经得到人们的广泛认可，社会需要这种精神。

实践作为大国工匠精神的重要支撑，是熔铸工匠技艺的熔炉，也是实现工匠创新的平台。工匠们在实践中探索、试错、修改、再试错、再修改，这一过程的反复实践使得他们能够一步步地磨炼技艺，实现创新。工匠精神注重实践，这并不是说工匠们缺乏理论的深度思考，恰恰相反，他们常常在实践中反思，以理论指导实践，达成理论与实践的和谐统一。

对于工匠来说，实践就是他们生活的舞台，他们在这个舞台上尽情发挥手中的工具就像他们的舞蹈伙伴，随着他们的节奏而跳动，展现出迷人的艺术魅力。他们在实践中展现了超人的耐心和坚韧的毅力，他们在一次次的尝试中，不断超越自我，攀登科技的高峰。他们在工作台前，他们在实验室里，他们在田野上，他们在街头巷尾，他们在城市的每一个角落，他们在大地的每一个角落，他们在实践中绽放，他们在实践中崭露头角。

实践对于大国工匠精神的培育来说十分重要，只有在实践中，工匠们才能真正运用和锤炼自己的技艺，体验工艺和材料的特性，了解操作的细微之处。每一次实践都是对技艺的深入理解和提升，技艺的精进是离不开不断实践的。工匠在实践中面对着各种问题和困难，这就需要他们去思考、去探索，去尝试新的方法和技巧，从而产生新的想法和创新。

实践也是检验真理的唯一标准，理论需要通过实践来验证，只有实践才能证明理论的正确性和实用性。在实践中，工匠们需要面对困难，解决问题，这就需要他们有耐心、精益求精、不断追求完美的工匠精神。而这种精神恰恰是在实践中被培养和磨砺出来的。

（二）技术取向

工匠掌握着专业技术，因此，工匠精神也具有应用性、不稳定性以及复杂性等特征。一方面，技术是一种基于发展规律和相关理论的实践形式，工匠能够将其相应地运用于实践，使其具备极强的生命力；另一方面，技术的进步是一个从简单到复杂、从单一到多样的过程，需要经过社会的磨炼。技术不是一项稳定不变的能力，而是时刻处于变化中的，因此，要想让技术有所发展，就必须不断地学习。这种学习精神和适应变化的能力正是工匠所需要的。此外，技术还具有系统性和复杂性。工匠要具备团队协作精神和不断探索的毅力，才能使技术得到最大限度的发挥，因此，工匠精神也体现在探索能力和合作能力上。

以技术取向为重要价值取向的大国工匠精神，根植于他们对专业技术的深入理解，对新知识和技术的不断探索，以及对实践中的技术问题的解决方案的追求。这是工匠精神的一个重要方面，它展示了工匠对他们工作的热爱和敬重，对自己职业的投入和专注。

工匠精神的技术性较强，这意味着工匠们对他们所服务的领域有着深入的了解和专业的知识。他们深知自己的工作不仅仅是一个任务，而是一项需要深入学习和掌握的技术。因此，他们不断学习新的知识，提高自己的技术水平，提升自己的专业素养。这种对技术的敬畏和追求，对自我提升的执着，正是大国工匠精神的体现。工匠精神是不稳定的，这是因为技术本身就是动态的，它在不断地变化和发展。因此，工匠们需要具备适应变化的能力，需要拥有面对新技术挑战的勇气。他们需要在接受新的知识和技术时，能够快速地学习和适应。工匠们这种适应变化的能力，以及他们敢于面对新的技术的挑战，正是大国工匠精神的体现。工匠精神是复杂的，这是因为技术是一种复杂的系统，它涉及许多不同的领域和要素。因此，工匠们需要具备处理复杂问题的能力，需要有深入理解和应用技术的能力。他们需要能够理解技术的各个方面，能够将这些方面整合在一起，形成一个有效的技术方案。工匠们的这种处理复杂性的能力，他们深入理解和应用技术的能力，正是大国工匠精神的体现。

大国工匠们对新知识的学习和接纳，对复杂问题的处理和解决，都展示了他们的技术取向。这种技术取向，不仅体现了他们对技术的尊重和追求，也体现了他们的专业素养和职业道德。这是大国工匠精神的一个重要方面，它赋予工匠们以独特的价值和尊严。

（三）强调道德

工匠精神要求人们具备良好的道德品质，能够坚守信念、勇于担当，具有良好的综合素养，从而让技能得到正确的施展。此外，还要在符合道德规范的基础上加强制度建设，让技术更能适应社会变化的需要。工匠精神在当今社会中有着重要的学习价值，在企业发展方面、社会生产方面都需要具备工匠精神。只有具备工匠精神，用高标准严格要求自己，坚持信念，严谨做事，才能取得理想的成绩。如今，尽管工匠们已经渐渐淡出了人们的视野，但工匠精神永远不会过时。

工匠精神的道德倾向让我们看到了道德品质对于工匠的重要性。道德是一种内在的指引，是指导我们行动的灯塔，是我们对世界的认知和理解。对于工匠来说，道德品质是他们工作的基石。没有高尚的道德品质，就没有优秀的工匠精神。在工匠的工作中，道德品质的重要性更是显而易见。工匠们的工作需要他们面对各种挑战，解决各种问题，承担各种责任。在这些情况下，只有具备高尚的道德品质，才能保持坚定的信念，才能勇敢面对挑战，才能有效解决问题，才能恪尽职守。这种道德品质，正是大国工匠精神的重要体现。

同时，工匠们的道德品质也决定了他们对技术的态度。道德品质让他们对技术有着敬畏之心，对技术有着严谨的态度，对技术有着深深的热爱。他们知道，技术并不只是一种手段，而是一种艺术、一种追求、一种信念。他们尊重技术、追求技术、热爱技术，这是他们道德品质的体现，也是大国工匠精神的体现。而且，工匠们的道德品质也影响着他们的社会责任感。他们知道，他们的工作不仅关乎自己，更关乎社会，关乎他人。他们知道，他们的每一个决定、每一个动作，都可能影响到其他人、影响到社会。因此，他们在做决定时，会考虑到其对社会的影响，会以社会的利益为考量。这种社会责任感，正是工匠们道德品质的体现，也是大国工匠精神的体现。

工匠们的道德品质，是他们工作的核心，是他们对技术的态度，是他们的社会责任感。这种道德品质，是大国工匠精神的重要体现，也是我们学习和借鉴的宝贵财富。

工匠精神与立德树人之间具有非常密切的关系。立德树人是教育的根本任务，强调的是通过教育来培养具有高尚道德品质和良好素质的人，而工匠精神则代表着敬业精神、创新精神和追求卓越的职业态度，是对立德树人目标的具体实践和体现。

在立德树人的过程中，工匠精神起着至关重要的作用。首先，它代表的敬业精神、创新精神和追求卓越的职业态度是对道德品质的具体体现，有助于学生形成良好的道德品质。其次，通过学习工匠精神，学生可以保持执着于工作，勇于探索和创新，乐于接受挑战，始终保持高昂的工作热情，这对于学生的人格塑造和全面发展具有重要作用。最后，工匠精神能够引导学生尊重劳动，珍视成果，进而形成正确认知社会和人生的观念。立德树人是教育的宏观目标，工匠精神则是这一目标在职业生涯中的具体实现。二者是相辅相成的，一方面，教育需要引导和激发学生形成和培养工匠精神，另一方面，工匠精神也能反过来促进学生的德行修养，实现立德树人的目标。

第二节　大国工匠精神的形成与发展

一、大国工匠精神的产生

（一）大国工匠精神的形成

工匠精神的形成源于人类对生存和发展的需求。在古代，人们需要通过手工制作来满足生活的需要，因此，工匠精神在这个时期得到了充分的发扬。工匠们不断探索和创新，不断提高自己的技能和工艺水平，以生产出更加精美、实用的产品。我国大国工匠精神的形成与发展可以追溯到我国古代，当时的工匠们以他们的聪明才智和精湛技艺创造了许多优秀的手工艺品，展现了出色的工匠精神。例如，在陶瓷、玉雕、金银器皿、木雕、竹雕等手工艺品中，都可以看到古代工匠们对工作的专注和执着，他们严谨的工作态度和无尽的创新精神为后人留下了宝贵的文化遗产。

传统手工业是工匠精神形成的重要基石，传统手工业作为古代经济结构的重要组成部分，它的迅速发展与人们最基本的生活需求息息相关。手工业被称为复活了的历史化石，优秀的手工产品更是我国工匠艺人在长期劳动的过程中创造出来的文明成果。譬如，为了满足生产生活而进行的类型丰富多样的、与生活息息相关的器具制造，以及为了满足审美享受而进行的一系列工艺物品的创造等，都是手工制作的精品，承载着工匠艺人耐心细心、专注执着的精神。

中国以其卓越的手工业传统矗立在世界文明的舞台上，其历史悠久，源远流长。这一传统充盈着中华民族的智慧和才情，犹如珠光宝气，彰显了我国古代手工业的辉煌成就。在中华文明五千年的历史长河中，我们有幸见证了无数手工艺大师的辉煌创造，他们的成就不仅推动了中华文明的繁荣，也在历史进程中留下了深深的印记。技艺精湛的鲁班、"游刃有余"的庖丁、衣被天下的黄道婆、铸剑鼻祖欧冶子、微雕大师王叔远等，作为中国的传统手工业者，他们远离浮躁、焦急的心态，心无旁骛、气定神闲，在斗室之中揣摩作品；他们精雕细琢、精益求精，不断对作品进行创新，对技术进行更新；他们耐得住寂寞，守得住节操，经得住诱惑，既敢于探索，又敢于失败，在炉火纯青中呈现出最美的精品，并赋予它们历史传承价值。

精美的艺术作品、壮丽的故宫、历史悠久的老字号等，既是中国文化的重要载体，也是古代手工业发展的见证。它们无声地诉说着我国手工业传统的丰富内涵和深远影响，使我们得以一窥中华优秀传统文化的深远内涵和独特魅力。这种源远流长的手工业传统及其体现的大国工匠精神，不仅在中国历史的长河中留下了独特的痕迹，也对当今世界产生了深远的影响，成为我们民族文化的重要组成部分。[1]

（二）古代工匠精神的特征

古代工匠精神是指以手艺为核心的职业人士所表现出来的一种既注重技能又注重品质和自我完善的职业精神。它在形成与发展过程中主要展现出以下几个特征。

1.传统技艺的积淀

在中国古代社会中，手工艺品的生产主要依靠手工制作，这就必然要求匠人有较高的技能水平和丰富的实践经验。这种生产模式，使得技艺的传承

---

[1] 亓妍.工匠精神[M].延吉：延边大学出版社，2022：9-14.

与积累在社会生产中起到了关键作用,工匠精神便在这样的背景下孕育并逐渐形成。由于当时科技条件有限,大量生产活动都需要依靠人的手工操作。对于许多产品来说,如瓷器、丝织品、木工制品等,其制作过程是极其复杂且精细的,需要匠人们具备精湛的技艺和对材料、工艺流程的深入理解。因此,大量时间被用于熟悉和掌握各种工艺技术,以便将其熟练地运用于实际生产中。

此外,口口相传的技艺也是传统手工业发展的重要途径。在家族传承、师徒传习的形式下,这些经验丰富的技艺被一代代匠人学习和继承,同时,他们也会在实际生产过程中根据自身的理解和创新对技艺进行改良和完善,进一步丰富和发展了这些技艺。这种对技艺的深入研究和精心传承,造就了大批技艺精湛的匠人。他们在长期的生产实践中,逐渐形成了一种独特的精神面貌,这就是我们现在所说的工匠精神。这种精神体现在他们对产品的专注和执着、对技艺的尊重和传承、对品质的严格和追求。

因此,可以说,传统技艺的积淀是工匠精神形成的重要基础,它不仅体现了匠人对手工制品的热爱和投入,也展现了他们在面对技术限制和生产挑战时,坚守品质、追求卓越的精神风貌。这种精神在当今社会依然具有重要意义,它鼓励我们在面对新的挑战时,坚守初心,勇于探索,不断提升自己的专业技能和素养,以实现更高的生产效率和品质水平。

2. 自我要求的严格

古代的工匠们对自我能力的认知和要求,体现了他们对工作的热爱,对成果的负责以及对美的追求。对自我要求的苛刻性,正是他们精神面貌的突出特征,也是他们持续发展、创新技艺,提升工艺水平的动力源泉。他们对实际能力的高度认知来源于长期的工作和生活实践。在繁复的生产活动中,他们不断地试错、学习、总结,反复地磨炼自己的技艺,对每一道工序、每一个环节、每一个细节都有深入的了解和把握。他们知道,每一点进步、每一点提高都需要倾注大量的时间和精力,需要承受艰辛的努力和孤独的挣扎。这种对实际能力的高度认知,使他们能够清醒地看到自己的优点和不足,从而提出更高的要求,为自己设定更高的目标。

同时，工匠对潜在能力的认知又为他们提供了持续发展的可能。他们明白，每一个人都有无限的潜力，需要通过不断的努力和挑战来发掘和激发。他们愿意在日复一日、年复一年的工作中，不断地突破自我，挖掘自己的潜能，实现自我的价值。对于他们来说，自我要求的苛刻性，不仅体现在对技艺的追求上，也体现在对品质的执着上。他们深知，一件产品，无论其外观如何华丽，如果内在品质不过硬，那么它就无法长久地生存，无法在历史长河中留下自己的痕迹。因此，他们对每一件产品的品质都有非常高的要求，对每一个细节都力求做到完美。他们相信，只有如此，才能创造出真正的艺术品，才能留下永恒的价值。这种对自我要求的苛刻性，使他们在面对挑战和困难时，能够保持坚韧的决心和不懈的努力，使他们在日常生活中能够追求卓越，力求完美，在长期的发展中能够不断地超越自我，创造出更加精美的作品。这就是工匠精神中"对自我要求的苛刻性"这一特征的独特魅力，以及其赋予人们的无穷动力。

3. 尊重和承认技艺的独立性

在古代社会，工匠们尊重和承认技艺的独立性，这是他们对工作的专注和敬畏，也是他们对自我和他人的尊重和承认。他们深知，每一种技艺，都需要辛勤的努力和长期的积累才能掌握，每一种技艺都有其独特的价值和意义。他们尊重每一种技艺，尊重技艺背后的辛勤努力和艰苦挣扎，尊重技艺创造的产品和价值。他们承认技艺的独立性，承认每一种技艺都有其独特的魅力和吸引力，承认技艺背后的个性和创新。

对于工匠们来说，尊重技艺的独立性，首先是尊重技艺本身。技艺是他们的生命、是他们的骄傲、是他们的追求。他们知道，技艺不只是一种技术，更是一种艺术、一种哲学、一种生活方式。他们深深地热爱着自己的技艺，尊重每一种技艺，因为他们知道，每一种技艺都代表着人类的智慧和创新，每一种技艺都有其无法替代的价值和意义。同时，尊重技艺的独立性，也是尊重他人的技艺。工匠们知道，每个人都有自己擅长的技艺。他们尊重他人的技艺，尊重他人的努力和成果，也尊重他人的独立性和个性。他们知道，只有相互尊重才能共同进步、才能共同发展。

尊重技艺的独立性，还体现在对品质差异的承认上。工匠们知道，每一件作品都是他们的心血和汗水，每一件作品都有其独特的品质和特点。他们尊重每一件作品的品质，承认品质上的差异，因为他们知道，只有品质的差异，才能体现出技艺的独特性，才能体现出工匠的个性和创新。

对于工匠来说，尊重技艺的独立性，不仅是他们对技艺的敬畏和热爱，也是他们对自我和他人的尊重和承认，更是他们对技艺的信仰和追求。他们用手中的技艺塑造了一个个精美的作品，用心中的敬畏和热爱赋予了技艺独特的生命力和魅力。

4. 坚持不懈的创新和探索

坚持不懈的创新和探索是工匠精神中一种至关重要的品质。古代工匠，即便在技术和资源极度有限的条件下，依然能以卓越的工艺创造出世世代代流传的经典之作。他们的成功，源自他们的聪明才智，更得益于他们对技术的创新和探索。他们不仅是一种手艺的执行者，更是这种手艺的改进者和发扬者，同时也是一种创新精神的象征。

古代工匠对于手艺的追求不只是出于对美的欣赏，更是源自对完美的执着。他们始终保持对技艺的热爱、对技术的好奇、对工艺的探索。他们深知，技术的发展和进步，需要他们不断地创新和尝试，打破传统的束缚，挑战未知的领域。他们不畏艰难、不惧失败，始终坚持在创新和探索的道路上前行。工匠们寻求新的材料、研究新的工艺、尝试新的设计，以期能制造出更好的产品。他们不满足于现有的技艺，始终追求更高的技术水平、更好的工艺效果。他们对工艺的理解和掌握，使他们能够在传统的基础上提出新的观念，创造新的设计。他们对工艺的掌握和运用，使他们能够将理念转化为实物，从而将创新转化为产品。

工匠们的创新和探索，不仅表现在对新技术、新工艺的探索上，更体现在他们对自我提升的追求上。他们通过学习和实践，提高自己的技艺，完善自己的技术。他们在创新过程中，不断修正自己的思路，完善自己的设计。同时在探索的过程中，逐渐了解自己的长处和短处，不断提升自己的能力。

二、大国工匠精神的发展

进入近代以后，随着工业化进程的加速，工匠精神在一定程度上被机械化、标准化的生产方式所取代。但是，在一些需要精细手工技艺的行业，比如钟表、音乐器材、精密机械等，工匠精神依然得到了传承和发扬，因为在现代社会中，工匠精神仍然具有重要意义。在现代工业生产中，工匠精神被重新定义为对品质的追求和坚持。工匠们不断地改进和创新，以新的生产技术为依托，生产出更加优质、高效的产品。

在新中国成立以后，尤其是在改革开放以来，我国社会经济发展迅速，产业结构不断优化，工匠精神再次得到了人们的重视。党的十八大以来，习近平总书记在多次重要讲话中强调了工匠精神的重要性，并倡导全社会树立和发扬工匠精神。强调我们国家要重视职业教育，弘扬劳动精神、弘扬工匠精神，培养大批"中国工匠"，推动中国经济发展进入质量时代。由此可见，工匠精神已经成为新时代中国特色社会主义的重要精神品质和价值追求。

在当前，大国工匠精神正进一步与时代同步，与创新驱动发展战略深度融合，正在推动中国从"中国制造"向"中国智造"转变。在数字化、网络化、智能化的背景下，大国工匠精神赋予我们更多创新、创造的动力，帮助我们在全球竞争中赢得优势。总的来看，大国工匠精神是在长期社会实践中形成和发展起来的，是中华民族智慧和实践精神的结晶，是我们民族伟大复兴的重要力量。从古至今，大国工匠精神始终贯穿在中国人民不懈努力、艰苦奋斗的历程中，它体现了中国人民的聪明才智和坚韧不拔的精神风貌，是我们民族进步的重要驱动力。

第三节　大国工匠精神的时代价值

一、提升生产水平

大国工匠精神是指对工作的热爱和尊重，以及对技术和技艺的崇尚和执着。它是我国古老文明和社会实践的产物，是推动社会进步和经济发展的重要力量。尤其是在当前经济全球化和技术迅速发展的背景下，大国工匠精神在提升生产水平、推动经济发展上发挥了不可替代的作用。

大国工匠精神对提升生产水平的影响体现在对产品质量的精益求精上。质量是产品生命力的体现，高质量的产品是工匠精神的体现。工匠精神所倡导的是对每一个细节的关注、每一个工序的严谨、每一项技术的精进，这些都是对提升产品质量的一种追求。因此，工匠精神能够有效提升产品质量，推动生产水平的提高。

工匠精神的精神特质——专注和执着，可以推动技术的创新和应用。工匠注重实践，注重技术的掌握和运用，因此在工作中能够发现问题，提出创新方案，推动技术的进步。这种对技术的专注和执着，使得工匠能够在实践中不断提升自己的技术能力，从而提高生产效率，推动生产水平的提高。这种执着和专注的精神特质，促使工匠们在面对困难和挑战时，始终保持探索和创新的勇气。在这个过程中，他们会发现问题、思考问题，提出解决问题的方案。这种思维方式有利于在生产过程中优化技术流程，改善工作环境，提高生产效率，从而推动整体生产水平的提高。同时，这种专注和执着的态度，也使工匠们在实践中逐渐形成一种适应性的思维，他们能够根据不断变化的生产环境灵活调整自己的工作方式和技术策略，从而更好地适应生产的需要。

工匠精神对于企业文化的塑造也是非常重要的。工匠精神是一种价值观和精神导向，能够引导员工树立正确的工作观念，培养员工的职业素养，促进企业文化的建设。一个有着浓厚工匠精神的企业，其员工会有更高的工作热情、更强的责任心、更高的工作效率，这无疑也会推动生产水平的提高。工匠精神所体现出的专注、执着以及精益求精的态度，深刻影响着企业文化的形成和发展。这种文化在企业中得以蔓延，就如同生命之水滋养着企业的每一块土壤，使企业的每一名员工都深受其影响。它让人们了解到，高质量的产品并非偶然产生，而是源于一份持之以恒的执着和专注，是源于每一位工匠用心、专注、执着地投入每一道工序，对每一个细节精益求精。工匠精神培养了员工敬业爱岗的工作态度，他们愿意主动担当，积极奉献，对工作有更高的热情和更强的责任感，因此，他们能够在工作中更加专注，更有力度，产生更高的工作效率。这样的企业文化不仅可以提升员工的个人素养，更能提升企业整体的协作效率。每一位员工都能充分发挥自己的专业技能，在自己的职责范围内精益求精，为企业的目标而努力。这种积极的工作氛围和高效的协作机制，能够使企业更快速地适应市场变化，更有效地推进生产进程，从而进一步提升生产水平。

大国工匠精神的核心价值在于注重实践、尊重工艺、追求完美。在当今社会，这种精神追求无疑对推动社会经济的持续发展、提高生产水平具有重要意义。工匠精神激发的是一种对优秀品质、卓越技艺的追求，这种追求质量的精神在今天的生产实践中尤为重要。工匠精神的发扬不仅可以推动企业生产出更高质量的产品，满足消费者对优质产品的需求，也可以推动企业实现持续优化和改进，从而提升整体生产水平。此外，工匠精神也与现代企业追求的持续创新、持续改进的理念高度契合。当今的生产模式中，新的科技和新的管理理念不断涌现，对企业提出了更高要求。在这种环境下，只有那些愿意学习、敢于创新、执着于工作的"工匠"们才能在激烈的竞争中脱颖而出，推动企业的生产水平不断提升。因此，大国工匠精神的价值体现在引领企业实现生产模式的现代化，提高生产效率，优化生产过程，从而推动社会经济的持续发展。

从更宏观的角度来看，工匠精神体现的是人对工作的敬重、对技艺的热爱、对完美的追求，这是一种对社会主义现代化建设的积极贡献，也是推动社会全面进步的重要力量。工匠精神是我国劳动人民的优秀品质，也是我国工业发展的精神源泉，它对于提升我国整体生产水平、提高人民生活质量、构建社会主义和谐社会都有着不可替代的重要作用。

二、弘扬职业道德

大国工匠精神的精神内核之一是尊重和弘扬职业道德，这一特性不仅在提升整个社会道德风尚方面发挥了重要作用，而且对推进企业文化建设和职业道德的深化发展具有深远影响。

敬业精神是工匠精神的一种重要体现，它主张人们尊重自己的职业，全心全意地投入自己的工作中，力求精益求精，追求卓越。这种敬业精神在实际工作中体现为一种严谨的态度、一种执着的追求、一种勇于挑战的精神。在工匠精神的影响下，每个人都能够积极、主动地投入自己的工作中，用自己的智慧和努力为社会创造更多价值。

职业道德也是社会道德的重要组成部分，是个体在职业活动中遵循的道德规范和价值取向。工匠精神强调每个人都应该具备良好的职业道德，包括诚实守信、敬业奉献、公平公正、尊重他人等多种品质。这种职业道德不仅是每个工匠自身素质的体现，也是他们在社会中建立良好声誉的重要基础。

在企业环境中，工匠精神也在推动企业文化和职业道德建设的深化发展。企业文化是企业精神和价值观的具体体现，是企业内部人员在工作中的行为导向。弘扬工匠精神，就是要在企业内部形成一种以人为本、追求卓越、注重质量、尊重工作的良好企业文化。这种企业文化可以有效引导企业人员形成正确的职业道德观，促使他们在实际工作中不断提高自己的业务水平，提高工作效率，创新工作方式，提高企业的核心竞争力。

弘扬工匠精神，推动职业道德建设，是实现社会道德建设全面提升的重要途径，也是推动企业文化建设、提高企业核心竞争力的重要方法。工匠精神以其独特的价值观和行为准则，为社会道德建设提供了有力的理论支撑和实践指导。同时，工匠精神也为企业文化建设提供了新的思路和方法，有助于推动企业文化的深入发展，提升企业的内在素质和核心竞争力。因此，我们应该积极弘扬工匠精神，推动职业道德和企业文化建设的深化发展，以此来提升整个社会的道德水平，从而推动社会的全面进步。

三、推动科技创新

推动科技创新是大国工匠精神的重要内容，其核心是创新意识和实践精神。大国工匠精神将创新视为推动社会进步和提高生产力的关键要素，强调科技创新的重要性和价值。在大国工匠精神的引领下，科技创新成为国家发展的战略选择和重要动力，为社会的繁荣和进步提供了强有力的支撑。

首先，大国工匠精神鼓励人们具备创新意识。创新意识是大国工匠精的核心要素之一，它要求人们保持敏锐的洞察力和前瞻性的思维，主动关注社会发展的需求和挑战，勇于发现问题、提出解决方案并实施创新。在科技创新的过程中，人们需要从理论到实践，从实践到理论，不断探索和创新，不断突破传统的思维模式和做事方式，勇于尝试新的技术、方法和模式，以实现科技创新的突破。

其次，大国工匠精神强调实践精神的重要性。实践精神是大国工匠精神的基石，要求人们不仅要有创新的理念，还要通过实际行动来验证和实现创新。在科技创新实践中，人们需要勇于面对挑战和困难，勇于迎接失败和挫折，不断实践、反思和改进，通过不断试错和修正，逐步取得突破和进步。实践精神还要求人们注重团队合作和知识分享，通过多学科的合作和知识的共享，实现科技创新的协同效应和共同进步。

最后，进一步推动科技创新，需要建立良好的创新生态系统。大国工匠精神倡导建立开放、包容、合作的创新生态系统，鼓励不同领域、不同背景的人们共同参与科技创新，形成产学研结合、企业和学术界密切合作的良好环境。在这样的生态系统中，人们可以共享资源和经验，共同攻克科技难题，促进科技成果的转化和应用，加快科技创新的推广和普及。

此外，大国工匠精神还强调持续学习和不断进步。在推动科技创新的过程中，人们需要保持持续学习的态度和习惯，不断提升自身的科技素养和专业能力，紧跟科技发展的前沿，不断掌握新的知识、技术和方法。只有具备持续学习的精神，才能适应科技创新的快速变化和不断涌现的新挑战，保持在科技创新道路上的领先地位。

大国工匠精神的核心价值之一是推动科技创新，通过培养创新意识、实践精神，建立良好的创新生态系统，以及持续学习和不断进步，为科技创新提供强有力的动力和支撑。大国工匠精神引领着人们在科技创新的道路上追求卓越，为国家的繁荣和社会的进步做出贡献，推动科技创新不断取得新的突破和进步。

四、弘扬国家文化

弘扬国家文化是大国工匠精神的重要任务之一，它不仅是对传统文化的传承和发展，也是对国家形象和文化软实力的提升。大国工匠精神作为中华民族优秀传统文化的重要组成部分，通过弘扬工匠精神，可以激发民众对国家文化的认同感和自豪感，展现中华民族的独特魅力和国家形象。

大国工匠精神弘扬国家文化的意义在于传承和发展传统工匠文化。工匠精神是中华民族数千年来工匠文化的精髓所在，它代表了中华民族勤劳、坚韧和精益求精的传统价值观。通过弘扬工匠精神，可以将传统工匠文化融入当代社会，让人们更好地理解和传承这一宝贵的文化遗产。弘扬工匠精神不仅是对工匠技艺的传承，更是对工匠精神的传承，包括对工匠职业道德、工匠精神品质的传承，以及对工匠精神在当代社会的创新和发展。

大国工匠精神弘扬国家文化的意义还在于提升国家的文化软实力。文化是一个国家的独特标识和核心竞争力，通过弘扬工匠精神，可以展现国家的文化底蕴和价值观，提升国家的文化软实力。工匠精神代表了中国人民的智慧和才能，展现了中华民族的创造力和创新能力。通过弘扬工匠精神，可以展示国家在科技、艺术、工艺等领域的卓越成就，增强国家在国际舞台上的文化影响力和竞争力。同时，工匠精神所体现的品质和价值观也将成为国家形象的重要组成部分，树立起国家的崇高形象和文化自信。

进一步弘扬国家文化，需要采取一系列措施。首先，要加强对工匠精神的宣传和教育，通过媒体、教育机构等渠道，向广大民众普及工匠精神的内涵和价值。其次，要加强对传统工艺和工匠技艺的保护和传承，通过设立专门的研究机构、培训中心等，传承和培养工匠技艺，确保传统工艺的传承和发展。同时，要注重创新和发展，将工匠精神与现代科技、艺术等领域相结合，从而推动工匠精神的创新和时代发展。

综上所述，弘扬国家文化是大国工匠精神的重要任务之一。通过传承和发展传统工匠文化，展示国家的文化底蕴和价值观，提升国家的文化软实力。通过宣传教育、保护传承和创新发展，将工匠精神融入当代社会，使其成为中华民族独特的文化符号和国家形象的重要组成部分。

五、提升人才培养质量

工匠精神弘扬的精神品质和专业素养，对于新时代人才培养，尤其是高素质技术型人才的培养具有重要的引导意义。大国工匠精神以其注重品质、精益求精的价值观，为人才培养提供了新的思路和指导。在当前社会经济发展的背景下，高素质技术型人才的培养对于国家的发展和竞争力的提升具有重要意义。因此，通过深入挖掘工匠精神的内涵，将其融入人才培养的全过程，可以有效提升人才培养的水平和质量。

大国工匠精神弘扬的精神品质和专业素养可以提高人才的实践能力和创新能力。工匠精神强调实践和实际操作，注重精益求精、追求卓越的态度，这与高素质技术型人才所需具备的实践能力和创新能力高度契合。在人才培养中，应当重视实践教学和项目实训，提供充分的实践机会，让学生能够深入实践，提升解决问题的能力和创新思维。同时，注重培养学生的专业素养，包括严谨治学、持续学习和专业发展等方面，使其成为具备卓越专业素养的高素质技术型人才。

大国工匠精神弘扬的精神品质和专业素养可以提高人才培养的质量和综合素质。工匠精神所强调的品质，如诚信、责任、专注等，以及精益求精的态度，都是培养高素质技术型人才所必备的素质。在人才培养中，应注重培养学生的道德品质和社会责任感，加强职业道德教育和诚信意识。同时，通过提供丰富的综合素质教育，培养学生的人文素养、领导能力、团队合作精神等，使其成为全面发展的高素质技术型人才。

大国工匠精神弘扬的精神品质和专业素养对于提升人才培养质量具有重要的引导意义，通过将工匠精神融入人才培养的全过程，强调实践能力和创新能力的培养，注重品质和综合素质的提高，加强教师队伍建设和教育体制机制改革，可以有效提升人才培养的质量，为国家的发展提供有力的人才支持。[①]

---

① 亓妍. 工匠精神 [M]. 延吉：延边大学出版社，2022：9–14.

第二章 大学生大国工匠精神培育的背景与现状

第一节 大学生大国工匠精神培育的背景

一、从"制造大国"迈向"制造强国"的历史使命

中国是一个拥有悠久历史和深厚文化底蕴的国家，其中，大国工匠精神一直是中国传统文化的重要组成部分。在现代社会，随着中国迈向制造业大国路，大国工匠精神的培育显得尤为重要。这种精神不仅是推动我国产业升级、实现"中国制造"向"中国创造"转变的重要动力，也是提升我国人民的整体素质、培养出更多的高素质劳动者和技术技能人才的重要方式。

经过几十年的快速发展，中国已经成为世界上最大的制造业国家。但是，中国制造业的整体竞争力仍然需要进一步提升，需要从"制造大国"迈向"制造强国"。这就需要我们国家培养一大批具有创新精神、技术精湛的工匠人才，弘扬和传承大国工匠精神。弘扬和传承工匠精神在当前这个时代显得尤为重要。制造强国不仅要求我国拥有全面的制造能力，更要求我们国家拥有卓越的创新能力、精湛的技术水平，以及对产品质量的极致追求，而这些恰恰是大国工匠精神所倡导的核心价值。因此，大国工匠精神的培育成为我们国家实现迈向制造强国目标的重要手段。

尽管中国在全球制造业的大舞台上屹立不倒，但是，当我们国家深入

各个细分市场，尤其是高端领域，品牌影响力和市场竞争力还有待提高。其中，产品质量和品牌形象的问题尤为突出。我们国家长期以来在产品质量上存在着一定的不足，而这正是与大国工匠精神背道而驰的。大国工匠精神倡导的是精益求精、追求卓越，注重每一个细节，而这正是我们国家提升产品质量、改善品牌形象需要做到的。

如何在激烈的市场竞争中提升品质，打造影响力强大的中国品牌，这是摆在企业所有中国制造面前的一项严峻任务。要完成这个任务，我们国家必须把大国工匠精神贯穿于产品的生产、设计、研发的每一个环节，把大国工匠精神作为我们国家工作的标准和导向。我们国家要做到从源头上把控产品质量，精心选择原材料，严格把控生产流程，确保每一件产品都能达到最高的质量标准。同时，我们国家也要在产品设计和研发上投入更多精力，追求产品的创新和独特，以满足消费者日益提高的需求。

除此之外，我们国家还要进一步提升服务质量，让消费者在使用我们国家产品的同时，也能享受到最优质的服务。这不仅需要我们国家提供完善的售后服务，还需要在销售过程中提供专业的咨询和建议，真正做到顾客至上。而这些，都是大国工匠精神在服务领域的体现。同时，我们国家也要注意提升品牌形象，让消费者对我们国家的品牌有更深的认识和理解。这就需要我们国家在广告宣传、品牌包装等方面下功夫，用专业、负责任的形象赢得消费者的信任。同时，我们国家也要通过公益活动、社区服务等方式，积极履行企业的社会责任，提升品牌的社会价值。

二、人民生活水平显著提升

我国社会的持续进步和发展带来了人民生活水平的显著提升。这种提升不仅体现在物质生活的富裕上，更体现在对生活质量、精神追求的高度期望上。越来越多的人开始追求更高品质的生活，而这正是工匠精神可以发挥其重要作用的领域。

高品质生活不仅需要高质量的产品，也需要优质的服务，而这些都需要我们有一大批具有工匠精神的工人和技术人才去完成。工匠精神是一种精益求精、追求卓越的精神，它驱使我们在产品设计、生产制造和服务过程中，始终坚持高标准、严要求，不断追求卓越，力求完美。

　　具体到人们的日常生活中，在产品设计和制造环节，工匠精神能够帮助我们严格把控产品质量，从源头上提高产品的品质。这需要我们精心选择优质的原材料，严格执行生产流程，做到精益求精。同时，我们还需要在设计环节进行创新，以满足消费者日益增长的个性化需求。在服务过程中，工匠精神也可以为我们提供更优质的服务。我们应该以顾客的需求为导向，始终将顾客的满意度放在首位，提供专业、贴心的服务。这不仅体现在售后服务中，也体现在售前的咨询、建议和引导中。

　　当然，要真正实现高品质的生活，我们还需要进一步提升产品和服务的文化品位。产品和服务不仅要满足人们的物质需求，更要满足人们的精神需求。因此，我们需要在产品设计、生产和服务中融入更多的文化元素，提升产品和服务的文化品位。这种文化品位的提升，不仅体现在产品的设计和制造中，也体现在服务过程中。例如，我们可以通过产品设计来传递中国传统文化的精髓，让消费者在使用产品的同时，也能感受到中国文化的魅力。在服务过程中，我们也可以通过提供更加人性化、个性化的服务，来满足消费者的精神需求。

三、高等教育改革持续推进

　　高等教育改革与工匠精神的培育有着密切的关系。一方面，工匠精神是新时代高等教育改革的重要目标；另一方面，高等教育改革也是工匠精神培育的重要平台和途径。

　　工匠精神是一种追求卓越、精益求精、勤奋耕耘的态度，这种态度正是我们期望通过高等教育改革培育的。在当前社会，高等教育不仅要为社会提供知识技能，也要为社会提供人才素质和精神风貌。工匠精神，无疑是这种人才素质和精神风貌的重要组成部分。同时，高等教育改革也为工匠精神的培育提供了重要途径。随着教育改革的推进，高等教育开始注重学生实践能力和创新能力的培养，以及与社会、产业的紧密结合。这样的教育改革方向，正好符合工匠精神的精神本质，为工匠精神的培育创造良好的教育环境。例如，高等教育改革鼓励学生参与科研项目，通过实际操作提升自己的实践能力和解决问题的能力，这无疑是对工匠精神的培养；高等教育改革注重与企业合作，通过产学研结合，让学生在实践中深入了解行业，体验工匠精神。

第二节　大学生大国工匠精神培育的机遇与挑战

一、大学生大国工匠精神培育面临的机遇

（一）国家政策的鼓励和支持

在全球经济发展进程中，我国政府一直非常重视高等教育的发展和改革，对于大学生大国工匠精神的培养，也有着明确的政策导向和举措。近年来，随着社会经济的发展和变革，政府对大国工匠精神的重视和弘扬，已经成为中国制造业转型升级、由大到强的关键支撑。

在宏观政策层面，国家先后推出了一系列促进大国工匠精神发展的政策措施。例如，"中国制造2025"战略中明确提出要发扬大国工匠精神，增强企业的创新能力，以实现制造业的质量革命。此外，国家还出台了一系列具体政策，将大国工匠精神的培养作为重点，旨在激发全社会尤其是企业界的创新活力，从而提高产品质量和品牌形象。此外，政府还设立了国家级工匠、非物质文化遗产传承人等荣誉称号，用以表彰在大国工匠精神方面有突出贡献的个人和团队。这些政策无疑为大学生大国工匠精神的培养打下了坚实的基础，并提供了有利的政策环境。

同时，政府还加大了对大国工匠精神培养的经济支持力度。例如，许多地方政府设立了专门的基金，用于支持技术研发、创新创业等活动，鼓励大学生把握时代机遇，实现个人价值。通过产学研用协同创新、推动产教融合、提高高职高专院校的支持力度等方式，为大学生提供更多的实践机会，

帮助他们更好地理解和实践大国工匠精神。另外，政府还注重激发社会各方面的积极性，推动全社会共同参与到大国工匠精神的培养中，如鼓励企业、高校、研究机构等各类社会组织，联合开展以大国工匠精神为主题的公益活动，通过举办讲座、实践活动、竞赛评选等形式，让更多大学生有机会接触和体验大国工匠精神，增强他们的职业素养和社会责任感。

这些政策措施的实施，对于促进大学生大国工匠精神的培养无疑起到了积极的推动作用。我们应该充分利用这些政策优势，通过不断创新教育方式，提升教育质量，让更多大学生能够深入理解和践行大国工匠精神，为中国制造业的发展贡献力量。

（二）高等教育体系的改革和创新

高等教育是实现中华民族伟大复兴的重要基础，作为培养高素质技术人才和未来社会主体的重要场所，大学肩负着传承和发展文化、促进科学技术进步、服务社会经济建设等重大任务。在这个过程中，大国工匠精神的培育显得至关重要，不仅有助于提升学生的职业素养，还能激发他们的创新精神和实践能力，从而为国家的科技创新和社会经济发展贡献力量。

近年来，随着我国高等教育改革的深入推进，越来越多的高校开始将"以学生为中心"作为教育教学的重要理念，通过改革教育教学方法和课程体系，增加实践教学环节，提高教学实效，让学生在实践中体验和理解大国工匠精神。例如，一些高校设立了专门的创新创业实践基地，开设了创新创业教育课程，通过实践活动、项目研发等方式，引导学生将所学知识应用于实际，体验解决实际问题的过程，进一步培养他们的创新能力和大国工匠精神。

另外，为了适应社会经济发展的需求，高等教育也在不断进行专业设置的调整和优化。一些需要高技能、高素质的专业得到了重视和发展，例如，新能源、高端制造、智能科技等方向的专业，需要大量具备大国工匠精神的技术人才，这为大学生大国工匠精神的培育提供了广阔的应用空间。

随着高等教育体系的改革和创新，大国工匠精神的培育得到了前所未有的关注和重视，这对于提升我国大学生的职业素养，培养他们的创新能力，有着重要的推动作用。在未来的教育改革中，我们还需要进一步深化教育教学改革，强化实践教学环节，激发学生的创新精神和实践能力，为培育更多的"大国工匠"奠定坚实的基础。

（三）社会对高素质人才需求的增长

当代中国正处于全面深化改革、社会主义现代化建设全面推进的关键时期。经济全球化、科技进步和社会发展对各类人才的需求越来越多样化、高端化，对于那些拥有专业技能、创新精神和大国工匠精神的人才需求尤为突出。因此，大学生大国工匠精神的培育不仅是社会发展的需要，也是高等教育改革的重要内容。

随着科技的发展和创新的推进，各行各业都对人才提出了更高要求。不仅需要他们拥有丰富的知识和技能，更希望他们具备创新精神和实践能力，能够积极面对和解决各种实际问题。因此，大国工匠精神，即严谨的工作态度、精益求精的专业精神和勇于创新的能力，正是社会对现代人才的重要期待。大学生作为社会的新生力量，他们的大国工匠精神将在未来的社会发展和创新中发挥重要作用。

另外，我国的经济发展模式正从以量的扩张为主向以质的提升为主转变。这就要求我们的产业不仅要有数量的增长，更要有质量的提升。这种质量的提升，需要大量具有大国工匠精神的人才去支撑。这些人才不仅要有深厚的专业知识和技能，更要有良好的职业素养和敬业精神，能够在各自工作的岗位上做出最好的产品、提供最好的服务，从而推动我国经济社会的持续发展。同时，随着人民生活水平的提高，人们对于生活品质的追求也在不断提升。他们期待拥有更优质的产品和服务，这就需要我们有大批具备大国工匠精神的人才，用他们的专业技能和创新能力为人们创造更好的生活。这无疑为大学生大国工匠精神的培育，以及高素质人才的培养提供了广阔的应用空间。

（四）信息化和网络化的发展

在当今社会中，我们正处于一个信息爆炸时代。网络技术和信息技术的迅猛发展极大地推动了信息的传播和交流，打破了地域和时间的限制，使得获取和分享信息变得前所未有的方便。这一变革不仅改变了我们的生活方式，也为大学生大国工匠精神的培育带来了新的机遇。

信息化和网络化的进步，使得大学生们更容易接触到世界各地的最新科技。他们可以借助网络平台获取全球最新的科研成果，了解国际上的前沿科技动态，甚至可以与国外的科研机构、专家学者进行直接的交流。这不仅可以加深他们对自己专业领域的理解，也有利于他们开阔思路、培养国际视野，提高创新能力和实践技能。通过网络，大学生们也能接触到世界各地的文化。他们可以在网络上观看外国电影、阅读外文书籍，或者参与到各种国际交流活动中，了解并体验不同的文化。这不仅可以提高他们的跨文化交际能力，也有助于他们更好地理解和尊重文化多样性，形成包容的世界观。网络平台还为大学生们提供了观察和学习国内外优秀案例的机会。无论是企业的成功经营，还是个人的创新发明，都可以通过网络的方式传播给大学生们。他们可以通过这些案例学习到优秀的经验和方法，为自身的学习和实践提供参考。

信息化和网络化的发展，也为大学生提供了展示自我、实现自我价值的平台。他们可以通过网络将自己的作品与成果展现在全世界的人们面前，得到他人的认可和反馈，激发他们的积极性和创造力，这为大学生的个性发展提供了良好的环境，也是培育工匠精神的重要途径。网络也为大学生提供了表达自己观点和想法的空间，他们可以在社交媒体、博客、论坛等平台上发表自己的见解，参与到社会话题的讨论中，与他人交流思想、碰撞观点。这不仅可以提升他们的思辨能力和表达能力，也可以帮助他们形成独立思考的习惯和批判性的思维。

信息化和网络化的发展，还改变了我们学习的方式和路径。传统学习方式，往往依赖于教师的传授和书本的阅读，而在当今社会，大学生可以通过网络自主地获取和探索知识，独立地解决问题，体验成功和失败，这对他们的主动学习能力、批判性思维能力以及解决问题的能力都有着深远的影响。

二、大学生大国工匠精神培育面临的挑战

（一）教育体系和教学模式的挑战

在我国高等教育体系中，理论学习长期以来一直占据着主要地位。我们必须认识到，理论知识的学习是非常重要的，它为学生提供了必要的知识基础，让他们能够理解和掌握专业领域内的基本原理和方法。然而，实践教学的地位却常常被忽视，导致许多学生毕业后对实际工作情况缺乏充分的了解和准备。

大国工匠精神的培育，其核心在于大量实践活动和实践经验。大国工匠精神体现在对专业技能的掌握、对质量的追求、对细节的关注，以及对创新的探索，这些都是在实际操作中逐渐积累和形成的。学生们需要亲自动手、亲身体验，才能够真正理解和掌握这种精神。因此，要培养学生的大国工匠精神，就必须重视实践教学的地位，将其真正融入教学中。

为了更好地推进大国工匠精神的传承与创新，需要改革和创新教育体系。现有的教育体系过于强调书本知识的传授，而忽视了实践技能的培养。我们应该调整课程设置，增加实践课程的比例，让学生有更多机会去动手操作、去实地体验。同时，我们也应该提升实践课程的地位，将其纳入学分和评价体系中，让学生明白实践教学的重要性。

我们还需要改革和创新教学模式。传统的教学模式往往是教师讲授、学生听课，这种模式下，学生往往被动地接受知识，缺乏主动性和创造性。我们应该采用更为先进和有效的教学模式，比如，项目驱动式教学，让学生在解决实际问题过程中学习和掌握知识。同时，我们也应该鼓励和支持学生进行科研和创新活动，让他们在实践中体验和掌握大国工匠精神。政府应该主导建立有效的合作机制。学校应该与企业和行业机构建立紧密的合作关系，让学生有机会走出校园，走进实验室和生产线，直接接触到最前沿的技术和最新的设备。这不仅能够帮助学生了解和适应未来的工作环境，也能够激发他们的学习兴趣和热情。当然，教师是教学的重要组成因素，是教学活动的主导者，因此，提升教师队伍的素质和水平非常重要。教师是学生学习的引

导者和榜样，他们的教学理念和教学方法直接影响着学生的学习效果。我们应该对教师进行专业的培训和教育，提升他们的教学能力和实践能力，让他们能够用更有效的方式引导和激励学生，培养他们的大国工匠精神。

在我国高等教育体系中，理论知识的学习和实践技能的培养应该并重，它们都是学生全面发展的重要组成部分。只有当我们真正重视实践教学，真正投入大国工匠精神的培育中，大学生才能够成长为真正的工匠，从而为我国的社会发展和科技进步做出贡献。

（二）社会环境的挑战

在当今社会，快节奏和即时回报的思维模式正成为一种主导趋势。在这种环境中，人们的注意力常常被诱导到即时的、短期的利益上，对于需要长时间投入、耐心积累才能看到结果的事物，人们往往缺乏足够的耐心和兴趣。这种现象在很大程度上反映了社会环境对个人价值观和行为模式的影响。

工匠精神，是一种追求卓越、追求极致、追求完美的精神。它强调的是对专业技艺的精益求精、对质量的严谨要求、对细节的极致追求、对创新的坚持不懈。这些都需要投入大量的时间和精力，需要长期的积累和磨炼。然而，这种追求卓越、追求极致的工匠精神，在当前的社会环境中，往往难以得到充分的理解和尊重。

快节奏和即时回报的社会环境，可能会导致人们对于长期的、耐心的努力缺乏理解和尊重。在这种环境中，人们往往更看重短期的成果，对于需要长期努力才能实现的目标，往往缺乏足够的耐心和兴趣。这就导致工匠精神的价值往往被忽视，工匠精神的发扬和传播面临着严峻的挑战。当前，社会对"成功"的定义往往过于偏重物质收入和社会地位。这种对"成功"的理解，可能会导致人们过分追求物质利益，而忽视了精神追求和内心满足。工匠精神强调的是对技艺的热爱、对质量的追求、对创新的执着，这些都不是短期内就能看到回报的。如果社会过分强调物质收入和社会地位，可能会影响人们对工匠精神的理解和接受。

当今社会环境中，对于知识和技能的要求正在发生变化。在信息化、网络化环境下，知识更新的速度越来越快，技能的寿命越来越短，这就要求人们具有持续学习、快速适应的能力。然而，工匠精神强调的是对专业技艺的深入研究、对质量的持久追求，这就需要有长期、稳定的投入。如果社会环境对于知识和技能的要求，与工匠精神的要求发生了冲突，那么工匠精神的发扬和传播就可能面临困难。总之，大国工匠精神的培育面临着社会环境的严峻挑战。在快节奏和即时回报的社会环境中，人们对于长期的、耐心的努力可能会缺乏理解和尊重；在过分强调物质收入和社会地位的社会环境中，人们可能会忽视工匠精神的价值；在知识更新速度快、技能寿命短的社会环境中，人们可能会与工匠精神的要求发生冲突。这些都对大国工匠精神的培育提出了严峻的挑战。

（三）学生自身的挑战

当前大学生面临一系列挑战，这些挑战在很大程度上影响了他们对工匠精神的理解和接纳，尤其是他们对职业教育和技术技能学习的态度，成为工匠精神在大学生群体中培养的一大阻碍。

首先，大学生普遍存在对职业教育的偏见。在他们的观念中，职业教育往往与"低端""庸俗"相联系，与他们追求的"高雅""知识"的大学生涯格格不入。他们认为，职业教育主要是为了培养低层次的劳动者，而自己作为大学生，应该追求的是高层次的知识和技能。这种偏见让他们对职业教育敬而远之，不愿意接触和学习职业教育所涵盖的技术技能。

其次，大学生更倾向于追求理论知识的学习和学历的提升。在他们看来，理论知识的学习和学历的提升可以帮助他们获取更好的就业机会和更高的社会地位。他们追求的是一种"快速通道"，希望通过追求学历和学术研究，一步登天。这就使得他们对于需要长时间投入、需要耐心练习的技术技能学习，缺乏兴趣和耐心。大学生对技术技能价值性的认识存在不足，在他们的观念中，技术技能是次要的、不重要的，甚至是低级的。同时，他们对技术技能的价值和重要性缺乏足够的认识，认为技术技能的学习只是为了找到一份工作，而且这种工作往往是低收入、低地位的。

最后，部分大学生对劳动的尊重和热爱不足。在他们的观念中，劳动是一种"低下"的活动，是一种"贫穷"的象征。因此他们希望通过学习，提升学历，逃避劳动，脱离劳动。

第三节　大学生大国工匠精神培育的时代价值

一、助推社会经济的转型升级

（一）培养高素质的创新型人才

培育大学生新时代工匠精神可以为中国培养大量高素质创新型人才。当前世界正处于百年未有之大变局，中国特色社会主义进入了新时代。随着我国经济的不断发展、国力的日渐强盛，西方一些国家将我国视为"威胁"，在一些关键领域对我国实行"卡脖子"。当前国家间的竞争是高科技的竞争，其实说到底是人才的竞争。我国在高科技领域的实践与探索仍任重而道远。进入新时代以来，我国大学生数量在不断增多，规模也在不断扩大，而培育大学生新时代工匠精神，可以为我国加速发展、摆脱技术封锁提供庞大的人才基础，从而不断缩小与发达国家之间的差距。

世界范围内的人才竞争，在很大程度上就是高素质创新型人才的竞争。创新型人才是推动社会进步和国家发展的关键，他们是国家在经济、科技、文化等各个领域创新活动中的主力军。在当前这个知识经济时代，他们的重要性更是日益凸显。因此，为了提升国家竞争力，走出技术困境，我国亟须培养大批高素质创新型人才。其中，大学生是我国高素质创新型人才的主要储备。他们是国家未来发展的希望，是推动国家各项事业发展的重要力量。当前，我国大学生的规模正在不断扩大，他们的素质和能力也在不断提升。然而，如何将这个庞大的人才库有效地转化为国家发展的动力，却是一个值得深思的问题。而工匠精神则可以为解决这个问题提供有效的答案。工匠精神强调精益求精，追求卓越，对工作持续不断地钻研，对技术和技艺进行深入研究。这种精神对于提高大学生的专业素质，培养他们的创新能力，具有重要作用。大学生在实践中，能够通过不断试错，积累经验，提高技能，最终形成一种深入骨髓的工匠精神。这种精神对于提高大学生的创新意识，激发他们的创新潜力，也具有重要的促进作用。只有在这样的精神鼓舞下，他们才可能突破现有的知识框架，勇于挑战未知领域，创造出真正的新知识、新技术、新产品。

（二）加快我国制造业的转型升级

当前，我国制造业正处于深入推进转型升级的关键时期，培育大学生新时代工匠精神，有助于加快我国制造业的转型升级。目前，不仅要培养大量怀有一技之长的劳动者，而且要推动新时代工匠精神成为社会共识，使劳动光荣、创造伟大成为铿锵的时代强音，从而真正引领"中国制造"更快地走向"优质制造""精品制造"。

工匠精神是一种对专业精益求精、对质量极致追求、对创新持续驱动的价值观。这种价值观对于加速我国制造业的转型升级有着重要作用。特别是在当前，我国制造业正处于一个深入推进转型升级的关键时期。制造业作为国家的重要基础，其发展水平直接关系到国家的经济实力和整体竞争力。因此，探索实现制造业的转型升级，提高制造业的技术水平和产品质量，无疑是当务之急。在探索实现制造业转型升级的过程中，大学生新时代工匠精神的培养有着重要意义。新时代的工匠精神，不仅是对传统工匠精神的传承，更是对传统工匠精神的升华，它要求我们在工作中追求卓越，在专业技能上精益求精，在产品创新上持续驱动。这种精神不仅可以帮助大学生提升自己的专业技能和创新能力，更可以引领他们在未来的工作中为我国制造业的转型升级做出贡献。

大学生新时代工匠精神的培养，也有助于推动新时代工匠精神成为社会共识。社会共识是社会发展的重要基础，对社会风气的形成、社会价值观的塑造有着至关重要的作用。当新时代工匠精神成为社会共识，人们将更加尊重劳动、更加敬畏技艺、更加重视创新，而这将进一步激发全社会的创新活力，推动我国制造业的转型升级。从这个意义上讲，新时代工匠精神的培养将使劳动光荣、创造伟大成为铿锵的时代强音。这种强音将鼓舞和激励全社会，特别是广大学生群体，用专业技能和创新思维为我国制造业的转型升级做出贡献。在他们的共同努力下，我们将看到"中国制造"的不断进步与高水平发展。

（三）推动创新驱动战略的实施

在现代经济进入新常态的大背景下，创新驱动已经成为我国经济发展中不可忽视的内在要求和关键因素，创新创业需要以新时代工匠精神为之添动力、增活力，培育大批具有新时代工匠精神的大学生，扎扎实实地解决中国经济发展的难题，突破我国制造业大而不强的瓶颈。

对于现代经济，特别是制造业经济而言，创新已经成为驱动经济发展的核心动力。这种驱动力来源于技术进步、产品创新、管理革新等方面。而所有这些，无一不需要依赖于人的创新精神和实践能力，尤其是那种源自对技艺的热爱、对工作的投入、对创新的执着的工匠精神。因此，培育具有新时代工匠精神的大学生，是我国实施创新驱动战略、推动制造业转型升级的重要途径。

新时代的工匠精神，强调精益求精、专注技艺、持续创新。这种精神，对于激发大学生的创新潜力，提高他们的实践能力，具有重要作用。大学生在学习和实践中能够感受到工匠精神的力量，并被这种力量鼓舞，从而勇于探索、勇于尝试、勇于创新。这样的大学生，无疑是我国实施创新驱动发展战略的重要支撑。

新时代的工匠精神，也强调技术和技艺的追求，对于提升大学生的技术技能，培养他们的专业素质，具有重要的促进作用。只有具备了一定的专业素养和技术技能，大学生才能真正参与到创新活动中去，发挥他们的创新才能。这样的大学生，是我国实施创新驱动发展战略的重要力量。

最重要的是，新时代的工匠精神，强调对创新和优化的持续驱动。这种驱动力，对于引导大学生追求创新，推动他们在创新活动中不断突破，具有关键作用。只有具备了这种驱动力，大学生才能真正把握住创新的节奏和创新的机遇，从而在实践中创造出真正的价值。这样的大学生，是我国实施创新驱动发展战略的主力军。

二、促进学生全面发展

（一）端正学习和工作态度

培育大学生新时代工匠精神，有利于大学生端正学习和工作态度，在飞速发展的新时代，人们的心灵易在快节奏中迷失。踏踏实实工作的人变少了，急躁的人变多了，社会风气逐渐变得浮躁了。此时，倡导新时代工匠精神好比一剂"清新剂"，提醒人们静下心、沉住气、多钻研，专注当下，投入工作，更加专注于学习和工作。

在如今飞速发展的新时代，我们的生活节奏正在加快，技术革新和信息爆炸带来的巨大变革让人们的生活方式发生了深刻的变化。在这样的背景下，人们的心态也在悄然变化，急躁、浮躁的心态变得越来越普遍，大学生同样如此。大学生正处于世界观、人生观与价值观构建、形成时期，在这种环境下，培育大学生新时代工匠精神显得尤为重要，这不仅可以帮助他们树立正确的价值观和人生观，也可以帮助他们端正学习和工作态度。新时代工匠精神强调专业精神、专注精神和创新精神。大学生是我国社会的未来，他们的人生观、价值观和世界观对我国社会的未来发展具有重大影响。因此，培育大学生新时代工匠精神，对于我国社会的发展具有重要意义。

（二）激发大学生的爱国情怀

培育大学生新时代工匠精神有利于激发大学生的爱国情怀，自觉将个人理想同国家和民族命运相结合，充分发扬爱国奋斗精神，建功立业新时代。

新时代工匠精神以它的深沉、厚实、坚定和持久，象征着一种高尚的职业精神和道德品质，这一精神是大学生继承和发扬优良传统、砥砺前行的重要动力。更重要的是，新时代工匠精神凝聚着强烈的爱国情怀。大学生对国家的繁荣昌盛和民族的伟大复兴有着深深的期待，他们心系祖国、情系人民，怀揣着无比的热忱和期望，他们希望通过自己的努力和奋斗，将个人理想同国家和民族命运紧密结合，为实现中华民族伟大复兴贡献自己的一份力量。

　　培育大学生新时代工匠精神，正是为了激发他们的爱国情怀，鼓励他们以更高的理想和更广阔的视野投身于国家的建设和发展之中。新时代工匠精神体现了对工作的极致追求、对技术的精益求精、对创新的永不停息。这种精神将使大学生们不断提升自我，积极面对挑战，主动创新，使他们在学习和工作中始终保持昂扬的斗志和旺盛的热情，从而更好地服务于社会，为国家的繁荣昌盛和民族的伟大复兴做出更大的贡献。

　　大学生们是国家的未来，是民族的希望。他们的信念、理想和行动，直接影响着国家的前途和命运。因此，培育大学生新时代工匠精神，不仅是对他们个人素质的提升，更是对他们爱国情怀的塑造。新时代工匠精神将帮助他们树立正确的人生观和价值观，引导他们把个人理想同国家和民族命运紧密结合，让他们深深理解到，个人的成功离不开国家的发展，民族的复兴需要他们的奋斗和贡献。同时，新时代工匠精神也将激发他们的爱国情怀，让他们更加热爱祖国、热爱人民、热爱自己的工作。他们将以更加坚定的信念、更加执着的毅力、更加高昂的斗志投入工作和学习中，为实现个人的理想和抱负，为实现国家的繁荣昌盛和民族的伟大复兴，做出不懈的努力和无私的奉献。

（三）促进大学生的全面发展

　　培育大学生新时代工匠精神，有利于促进大学生的全面发展。培育大学生新时代工匠精神，要求大学生不断进取、不断学习，在拼搏中不断突破和完善自我，进而实现全面发展。

　　新时代工匠精神，其核心理念是精益求精，追求卓越，是一种从精神层面提升人的价值取向的教育。对于大学生来说，新时代工匠精神旨在塑造其健全人格，提高专业素质，丰富精神内涵，从而推动其全面发展。工匠精神让大学生们明白，无论学习还是工作，都需要全力以赴，一丝不苟，追求卓越。这种精神上的引导和熏陶，将有力推动大学生的全面发展，使他们在人生的道路上更加自信、更有动力。

　　新时代工匠精神要求大学生们在专业技能的提升上下功夫，这无疑可以促进他们在专业领域的成长。大学生们通过不断学习和实践，不断挖掘和拓展自己的专业技能，既能够提升自我，也能够为社会和国家的发展做出贡献。无论是科学研究，还是技术开发，或者是艺术创作，都需要他们具备扎实的专业素养，才能在各自的领域中做出成绩。

同时，新时代工匠精神也有助于塑造大学生们的价值观。这种精神强调以一种认真负责的态度对待工作和生活，强调以一种积极向上的态度面对困难和挑战。这种价值观将影响大学生的世界观和人生观，使他们在面对困难时更有勇气，面对挫折时更有韧性，面对挑战时更有决心。他们将以更为坚定的信念和更为积极的态度迎接人生的每一个挑战，实现自我价值的提升。

新时代工匠精神更是一种生活态度和人生哲学，这种精神鼓励大学生以一种执着的精神追求卓越的品质，勇攀科技的高峰。这种精神让大学生明白，人生的价值在于奋斗、在于创造，更在于对社会做贡献。这种认识将引导他们在学习和工作中投入更多的热情和努力，实现自我价值的提升，进而为社会和国家的发展做出更大的贡献。

三、提升高等教育质量

（一）提升高校育人质量

培育大学生新时代工匠精神，有助于高校提升培育大学生的质量。高校大力培育大学生形成以精湛技艺为核心的新时代工匠精神，让新时代工匠精神深度融入课堂和大学生的灵魂深处，进一步提升新时代大学生的培养质量和水平。

新时代工匠精神的这种追求卓越、精益求精的品质，对于提升大学生的培养质量起到了重要的推动作用。培育这种精神，对于高校来说，不仅仅是对大学生技能的训练，更是对他们态度和价值观的引导和塑造。这种深入骨髓的熏陶和教育，无疑会让新时代的大学生在走向社会后更能以一种积极、专注、敬业的态度去面对各种挑战，提升其个人素质和社会价值。

首先，新时代工匠精神体现在大学生的学习过程中。在高校环境中，大学生需要通过系统、深入的学习来掌握自己专业的知识和技能。新时代工匠精神，强调用心、负责，对于每一门课程、每一次实验、每一次实践，都需要大学生全力以赴、一丝不苟。这种态度，就是新时代工匠精神在学习过程中的具体体现，它让大学生在每一次学习中都能深深感受到自己的进步，从而增强自信心，激发潜力。

其次，新时代工匠精神在大学生的价值观塑造中也起到了重要作用。新时代工匠精神让大学生明白，学习和工作不仅仅是一种责任，也是一种态度，是对生活的热爱、对职业的尊重。这种理念让大学生明白，每一份工作，无论大小，都是对社会的贡献，都需要我们去用心对待。这种价值观的塑造，不仅提升了大学生的职业素质，也增强了他们的社会责任感。

最后，新时代工匠精神在提升大学生的创新能力方面也起到了积极作用。新时代工匠精神让大学生知道，只有对技术和知识进行深入研究，才能创新，才能开发出更优质的产品，提供更优秀的服务。这种精神鼓励大学生挑战自我，勇于创新，从而提升他们的创新能力和竞争力。

（二）明确人才培养导向问题

培育大学生新时代工匠精神，有助于高校明确人才培养导向问题，突出"培养什么样的人才，如何培养人才和为谁培养人才"的重大问题，化解高等教育人才培养供给侧改革难题，加快教育现代化，办人民满意的教育

在当前时代背景下，工匠精神的重要性越发明显。当我们在谈论工匠精神时，我们谈论的是专注、是匠心，更是对一种事物的热爱并愿意为之付出巨大努力和时间的态度。对于高校来说，培育大学生新时代工匠精神就意味着要向学生们灌输这样一种价值观：对自己所做之事的专注和执着，对自己所从事的工作的尊重和热爱，对自己所追求的事业的坚持和奉献。

培育大学生新时代工匠精神，对于高校来说，不仅有助于提升大学生的综合素质，也有助于高校明确自身的人才培养导向。在当前这个时代，高校的人才培养应当更加注重学生综合素质的提升、学生的创新思维和实践能力的培养，同时也应当注重培养学生的社会责任感和人文素养。新时代的工匠精神正是这样一种能够有效提升学生综合素质的教育理念。通过培育大学生新时代工匠精神，高校可以更好地帮助学生明确自己的人生目标，提升自身

的专业素养，增强自身的社会竞争力。

培育大学生新时代工匠精神，也可以帮助高校解决人才培养的供给侧改革难题。当前，我国高等教育面临着一系列挑战，如何提高教育质量，如何提升学生的就业能力，如何适应社会发展的需求，这些都是需要高校去思考和解决的问题。而新时代的工匠精神，恰恰为高校提供了一种新的思考方式和解决方案。通过培育大学生新时代工匠精神，高校可以从源头上改变教育的方式和方法，从根本上提升学生的学习积极性和学习能力，从而有效解决高等教育的供给侧改革难题。

培育大学生新时代工匠精神，还可以帮助高校加快教育现代化的步伐，办出人民满意的教育。新时代的工匠精神，其实是一种对生活的热爱、对工作的专注、对社会的责任。这种精神可以激发大学生的创新精神，培养大学生的社会责任感，提升大学生的综合素质。对于高校来说，这不仅是一种教育理念，也是一种教育方式。同时，通过培育大学生新时代工匠精神，高校可以更好地服务社会，更好地满足人民对美好生活的期待，更好地实现教育的现代化目标。

培育大学生新时代工匠精神，对于高校来说，无论是在提升大学生的综合素质，还是在明确自身的人才培养导向、解决人才培养的供给侧改革难题、推进教育现代化等方面，都起到了积极的推动作用。这无疑证明了新时代工匠精神在当下的重要性和价值，也证明了高校在培育大学生新时代工匠精神方面所做的努力是必要的、有价值的。

（三）提高我国高等教育的国际知名度和影响力

高校深入贯彻落实新时代工匠精神，必然会培育出众多的一流人才，这有利于我国高校国际排名的提升，进而吸引更多优秀外国人才，加快我国高等教育走向国际化。

工匠精神，这种专注于细节、追求精益求精的态度，正是今天我们所需要的。这种精神，特别适用于当下的教育环境。通过培育大学生新时代工匠精神，可以提高我国高等教育的国际知名度和影响力，这是因为，这种精神的确可以帮助我们培养出一流人才，而这些人才不仅可以在国内产生巨大的影响，而且可以在国际上产生影响，提高我们的国际地位。一流的人才，不仅需要有一流的专业知识，还需要有一流的素质，而新时代工匠精神就是对这种素质的一种最好诠释。他们对自己的专业有深入的了解，对自己的工作有深深的热爱，对自己的学习有坚持不懈的追求。这种追求不仅可以帮助他们在自己的领域里做到最好，而且可以帮助他们在国际上取得一席之地，成为我们国家的优秀代表。

随着我们国家经济的持续发展、国际地位的不断提升，我们对人才的需求也在不断增加。我们需要的是一种既有专业知识又有专业素质的人才，这种人才的培养，离不开我们对新时代工匠精神的重视。培育大学生新时代工匠精神，可以使教育更加符合社会的需要，更加符合经济发展的需要，也更加符合国际化的需要。

不仅如此，培育大学生新时代工匠精神，也是提高我们国家高等教育国际影响力的重要途径。今天的世界是一个相互联系、相互影响的世界，我们不能孤立于世界之外，而要积极地参与到世界的发展中去。我们要通过自己的努力，提高国际影响力，使我们的声音可以在国际上被听到，使我们的教育可以在国际上产生影响。而培育大学生新时代工匠精神，就是我们实现这个目标的重要手段。而且，随着国际影响力的提升，我们可以吸引更多的外国优秀人才来到我国学习，进一步提升我国的教育质量和教育水平。这样，就可以更好地为社会服务、为经济发展服务、为国家的发展服务。因此，可以说，培育大学生新时代工匠精神，对于提高我国高等教育的国际知名度和影响力具有重要意义。

第三章 大学生大国工匠精神培育的理论基础

第一节 人力资本理论

一、人力资本理论的诞生

（一）人力资本理论的内涵

人力资本理论是由美国经济学家西奥多·W.舒尔茨和加里·S.贝克尔于 20 世纪 60 年代创立的。人力资本理论源于经济学的研究，是经济学领域的重要研究成果之一，该理论将研究的重点放在经济发展的资源支撑上，将资本划分为物质资本与人力资本。人力资本理论认为，作为生产活动的资本可以划分为物质资本与人力资本两大部分，两者缺一不可，且尤以人力资本为重。

人力资本理论认为，物质资本指的是人类生产活动中所包含的物质产品的资本，包括机器、原材料、厂房、土地等。而与之相对应，人力资本指的则是体现在生产者身上的资本，即对生产者进行教育、培训，以及其他方式的培养等项目的投资，表现为生产者自身拥有的知识、技能、经验等综合素质的总和。①

（二）人力资本的特点

相比于物质资本，人力资本自身具有显著的特点。

其一，人力资本是基于人的身体而产生的，因此人力资本是不能买卖的，而只能通过租赁的形式发挥其价值。人力资本源于人的身体和心灵，它融入了个体的知识、技能、能力和态度等元素，使得人力资本不能像物质资本那样被买卖。相反，人力资本只能通过租赁的形式发挥其价值，这种租赁通常体现在劳务交易、就业和其他形式的工作关系中。这一特性保障了每个个体的尊严和自由，同时对经济活动的组织和管理提出了新的要求和挑战。

其二，人力资本具有明显的时效性和个体差异性。人力资本的效能并非固定不变，而是与人的个体活动、状态、环境等因素紧密相关。人不是机器，无法始终保持同样的效率和性能，即使是在同样的工作岗位上，也不可能始终保持相同的表现。此外，每个人都有自己独特的性格、价值观、行为方式和知识能力，这使得每个人的人力资本都具有其独特性。因此，人力资本的管理和使用需要细致入微，全面考虑个体的特性和需求，灵活调整策略和方法。

其三，人力资本具有社会性。人是社会性的动物，人力资本的价值并不仅仅体现在经济生产中，更体现在社会交往、文化创新、公民参与等多个领域。这使得人力资本的价值和影响力远超物质资本。人力资本不仅是经济增长的关键因素，也是社会进步的重要推动力。因此，我们需要把人力资本视为一种宝贵的社会资源，进行全面开发和使用，以促进社会经济的全面和协调发展。

---

① 李跃，卢雨秋，罗双，等. 面向创新型国家建设的高校人才政策研究 [M]. 成都：四川大学出版社，2022：15-16.

二、人力资本理论的内容

（一）人力资本的作用大于物质资本的作用

舒尔茨等人认为，在现代化的生产条件下，劳动生产率的大幅提升正是人力资本不断增长的结果。从另一个角度来看，生产技术的提升也是人们在社会实践的基础上，充分发挥主观能动性、进行科技创新的结果。第二次世界大战以后，世界上许多国家在废墟上迎来了经济的迅速发展，这正是重视人力资本投资的结果，许多国家重视教育，不断提升对教育的投入，使得自身的人才储备可以跟上世界科技发展的脚步，为经济的迅速腾飞打下了坚实的人才基础。如果不重视人力资本的投资，物质资本投入再多也无济于事。

当然，人力资本与物质资本是资本的两个最重要构成要素，经济的增长也是人力资本与物质资本共同作用的结果，二者相互促进，缺一不可。在生产实践中，我们应该重视人力投资与物力投资的协调，以保证经济的健康、可持续发展。

（二）人口质量重于人口数量

人力资本主要包括两个方面的内容，其一是人口数量，也可以说是人力资本的数量，人口数量多显然能为国家的发展提供更多的人力资源，贡献更多的建设力量。其二则是人口质量，即人口素质，包括知识与能力素养、综合素质等。知识与能力素养指的是人们的受教育程度、所具备的知识量、知识与能力结构等。

虽然人口的数量与人口质量均是人力资本的重要表现形式，但是在人力资本理论中，两者的地位是不同的，相较于人口的数量，人力资本理论更加强调人口质量的重要性。在农业社会，人口数量对于国家的发展具有显著作用，这是因为生产工具相对较为落后，人们创造价值的能力也有限，人们的体力劳动对于社会生产的促进作用十分明显，比如，古代强大的文明往往是"大河文明"，这是因为平原河流带来的肥沃土地与良好的灌溉条件能够养育更多人口，而大量的人口可以进一步促进农业的发展，或者在资源争夺中发挥优势，进而形成强大的文明。在工业革命之前，即便是生产工具进行了改良，其对于生产力的推动作用亦有限，对于使用者的素质要求也并不高，因此，在很长时间内，人口数量是农业社会发展的重要影响因素。

当人类历史迈入工业社会乃至信息化社会后，知识与科技的发展在很大程度上改善了生产工具与生产方式，对于生产力的发展具有极大的促进作用。同时，对于生产者自身的知识与能力素质也提出了更高要求，因此，掌握先进知识与科技的高素质人才就成为推动社会发展的重要主体，劳动力素质就成为社会生产力发展的首要推动力。

大国工匠精神重视实践型人才的培养，重视当代人才敬业、精益求精、专注、创新素质的培育，特别是在当今时代，创新已经成为发展的首要驱动力，社会发展对于人才的素质也有了更高的要求，不仅需要人才具备完善的知识结构与较强的实践能力，还需要人才具备良好的创新思维与创新能力，具备较高的综合素质，因此，人口素质的提升、高素质人才的培养是创新的重要源泉，是提升生产力水平的重要前提。可以说，空有数量而没有质量的人力资源，难以对经济的发展起到显著的促进作用，高素质创新型人才是当今时代最为珍贵的人力资本类型之一。大国工匠精神立足于精神文明建设，其育人的重要目标之一就是提升人口质量，为新时代中国特色社会主义建设提供源源不断的高素质人才。

（三）人力资本投资的核心是教育投资

前面我们分析了为什么人力资本理论认为人口质量的地位要高于人口数量，由此也可以看出，在人力资本理论中，人口质量的提升是推进社会发展的关键因素之一。而提升人口质量的重要途径就是加强人力资本投资，高素质人才优秀的素质结构不是与生俱来的，而是后天培养的，是需要不同人才培养主体投入大量资源来实现的，在当今时代，人力资本投资最常见也是最有效的方式就是教育投资。

纵观世界上社会经济发展水平较高的国家，绝大部分对教育非常重视。不同国家或地区的人们在先天素质上并无较大差异，但由于后天教育条件的不同，人口素质之间的差距就会逐渐显现，最终造成不同国家之间发展差距巨大。

教育投资具有一定的滞后性，相比于经济效益，教育主体更加注重社会效益，十年树木，百年树人，人才培养需要投入大量的资源与时间，而人才的知识与技能体系成型需要一定的时间，人才在进入社会之前的很长一段时间内，一般难以为社会带来显著的经济效益。但从长远的眼光来看，相对于短期的物质投资来说，教育投资的回报要远高于物质投资，这也是人力资本的作用大于物质资本作用的体现①。因为人才具有创造价值的能力，这是物质投资所难以比拟的，特别是高素质创新型人才，能够通过创新实践，在很大程度上推动社会向前发展。

人是实践的主体，是社会精神财富与物质财富的创造者，因此，加大教育投资力度，提升人们的素质，是推进事件发展最为根本的路径。

三、人力资本投资的形式

人力资本投资的形式有许多种，从纵向看，涵盖了个体成长过程中为丰富知识、提升技能所进行的各项投资，从横向看，包括个体为创造更多价值而进行的一系列投资，人力资本投资形式的具体内容如图 3-1 所示。

---

① 崔静静，龙娜娜，房敏，等.新时代地方本科院校"双师型"教师队伍建设研究[M].北京：冶金工业出版社，2020：41-42.

```
                                            ┌─ 提升知识与技能素质
                                ┌─ 教育投资 ─┤─ 促进思维能力的发展
                                │           ├─ 提高道德水平
                                │           └─ 提供更多的教育机会
                                │
                                │           ┌─ 提升健康水平
                                ├─ 健康投资 ─┤─ 为社会提供医疗保障
  人力资本投资 ─────────────────┤           └─ 维护公共环境卫生
     的形式                     │
                                │           ┌─ 丰富专业知识
                                ├─ 职业培训 ─┤─ 提升专业技能
                                │           └─ 促进专业化发展
                                │
                                └─ 迁移投资 ─┬─ 优化人力资本配置
                                            └─ 提高劳动生产率
```

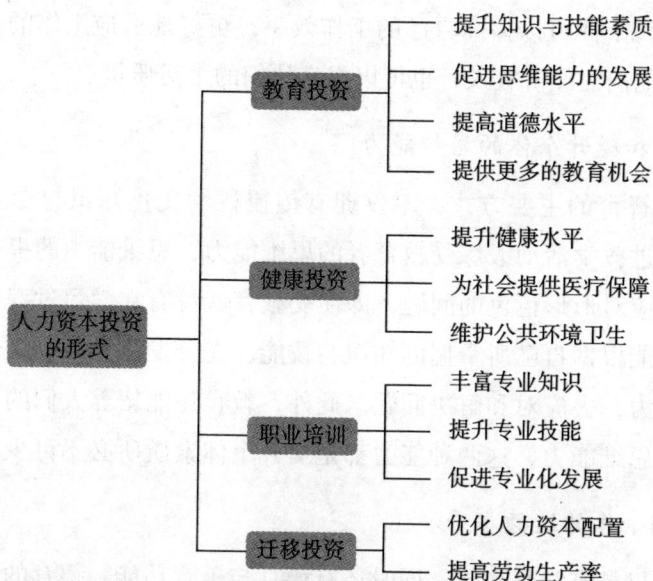

图 3-1 人力资本投资的形式

（一）教育投资

教育投资是人力资本投资的核心组成部分，是人力资本形成的最主要途径。教育投资指的是付出一定的成本来获得正规、系统的学校教育机会。教育对于人力资本的促进作用主要表现在以下几个方面。

1. 丰富个体的科学文化知识与提升技术水平

教育的首要任务就是传授知识与技能，受教育者通过教育活动可以丰富科学文化知识，也可以提升技术水平。教育投资首先有助于丰富个体的科学文化知识。科学文化知识是现代社会的基石。它不仅是我们理解世界、解决问题的工具，也是我们进行创新、发展个人潜力的基础。通过学习科学文化知识，个体的认知能力会得到提高，而他们也会更好地理解世界、理解自我，更有能力适应社会的变化和挑战。这对于个体的发展，尤其是在知识经济和信息社会中的发展，具有重要意义。

其次，教育投资也可以提升个体的技术水平。技术水平直接影响个体的工作效率和工作质量，也是他们获取就业和发展的关键因素。通过学习新的技术和技能，个体可以提高自己的工作效率，更好地适应工作的需求。这不仅可以提高他们的经济收入，也可以提高他们的生活质量。

2. 培养和提升个体的思维能力

教育是智育的主要方式，不仅拥有传授科学文化知识与专业技能的能力，还能通过教学活动锻炼受教育者的思维能力，思维能力的提升可以帮助个体更好地应对形形色色的问题，即使受教育者没有在学习过程中接触过具体问题，也能根据自己所掌握的知识与技能，充分发挥主观能动性，调动自己的思维能力，去应对和解决问题。此外，教育还能培养人们的自主学习能力和创造性思维能力，这两种能力都是提升个体素质所必不可少的。

3. 提高个体的道德水平

教育不仅具有智育功能，同时还有德育与美育功能，德育的核心是提升人们的思想道德素养，美育的核心是提升个体的综合审美素养，无论是德育还是美育，都倡导人们崇尚高尚的、道德的、美的事物，远离丑恶的、低劣的事物，这既是教育的目的，也是教育开展的途径。通过教育投资可以使个体在系统学习知识与技能的同时，提高道德水平，由此也可以看出，教育是人力资本投资最核心的部分。

（二）健康投资

在人力资本理论的框架中，健康投资占据着不可或缺的地位。我们通常认为教育、职业培训、工作经验等人力资本投资方式，然而，我们往往忽视了健康投资对于人力资本的影响。健康投资的重要性不言而喻，因为它直接影响到我们的生产能力和生活质量。

首先，健康投资有助于提升人们的生产能力。良好的健康状况不仅可以提高人们的工作效率，还可以提高人们的工作质量。当人们的身体和精神状况良好时，思维更为敏锐、决策更为准确、行动更为迅速。反之，如果人们的健康状况较差，工作效率和质量可能会大打折扣。其次，健康投资也有助于延长人们的工作寿命。良好的健康状况可以帮助人们抵抗各种疾病，减少因健康问题而导致的工作中断或者提早退休等情况。这对于人们个人的收人和生活质量，以及对于社会的生产效率和经济发展，都具有重要意义。此外，健康投资还与学生的学习和发展密切相关。健康的身体和清晰的思维是学习的重要基础。如果人们的身体状况较差，人们可能无法集中精力学习，甚至可能无法参加学习活动。反之，如果人们的健康状况良好，人们的学习能力和效率可能会得到提高。

健康投资的方式有很多，包括定期进行身体检查，维持良好的饮食和睡眠习惯，参加适量的体育活动，避免生病的风险，等等。健康投资需要人们长期坚持和积极参与，但它的回报是显而易见的。

（三）职业培训

人力资本理论认为，教育是一种人力资本的投资，职业培训也是这种投资的重要组成部分。职业培训，作为一种社会组织的教育投资，是学校教育的重要补充。这种培训的主要目的是提升人的实践技能和综合素养，使他们能够更好地开展生产活动，从而创造更多的价值。

在人力资本理论中，教育和职业培训都被视为投资人力资本的重要途径。首先，教育可以提供基础知识和技能，为个体的职业生涯打下坚实的基础。然而，学校教育往往无法提供所有必要的职业技能，这就是职业培训发挥作用的地方。职业培训可以根据个体的具体需求，提供更为专业和实用的知识和技能，以满足工作岗位的特定要求。

与学校教育相比，职业培训具有更强的目标指向性和实践性。在职业培训中，个体可以根据自己的职业需求选择合适的培训课程，而这些课程通常都强调实践技能的提升和专业能力的发展。此外，职业培训通常由企业或培训机构组织，这些组织对工作岗位的需求和职业技能的要求有着深入的了解，因此，他们能够提供与工作岗位密切相关的培训课程。

当然，人力资本的投资不仅包括教育和职业培训，还包括其他形式的学习和发展。例如，工作经验和在职学习也是人力资本的重要投资方式。通过工作经验，个体可以了解工作环境，熟悉工作流程，掌握工作技巧，从而提升自己的工作能力和效率。通过在职学习，个体可以不断更新自己的知识和技能，跟上技术和行业的发展，从而保持自己的竞争力。

（四）迁移投资

迁移投资是人口或劳动力出于获取更多的利益、提升收入水平或满足自身的偏好等目的，从一个地方或者产业转移到另外一个地方或者产业所付出的成本或投资，迁移投资同样是广泛存在于我们生产生活之中的一种人力资本投资形式。当今时代，有许多人的工作场所并非固定的，而是随着工作需求或工作内容的变化而不断变化的，特别是在生产资源与经营活动在大范围内进行配置、交通发达、人口流动量大的今天，人们为工作而进行地域迁移的频次越发增加，人们的迁移成本也不断提升。

在当今时代，生产活动极易出现生产要素空间分布不合理的现象，这种要素分布结构的不合理会在很大程度上影响生产的质量与效率，比如，许多人工作与生活的地点并不在一个城市，每天的通勤费用就属于迁移投资。再比如，大量人集中在一些经济发展水平较高的大城市中，房屋租赁费用在实质上也属于人力迁移投资。

迁移投资不是一种对生产要素的直接投资，不能对生产要素产生直接的提升作用，但却可以优化人力资本的配置，使人力资本的配置更加科学合理，进而创造更多价值。劳动力流动本身不能增加人力资本的存量，但是通过劳动力流动，能够优化社会各产业之间的人力资本配置，进而提升劳动生产率、产生更多价值，因此，迁移投资也是人力资本投资的途径之一。[①]

四、人力资本理论的作用

人力资本理论强调人力资本在经济发展中的核心地位，以及教育在提升人力资本质量中的关键作用。在当今社会，随着产业升级、技术创新的发展，对专业技术人才，尤其是具有大国工匠精神的人才的需求也在不断增加。因此，培育大国工匠精神变得尤为重要，它结合了实际操作能力的提升与理论知识的深化，为技术人才的培养提供了新的路径。人力资本理论对于大国工匠精神的培育有着重要的指导作用。

---

① 孟习贞，田松青.经济发展解读 [M].扬州：广陵书社，2019：182-183.

（一）有利于加强教育投资

人力资本理论强调教育投资的重要性，为大国工匠精神的培养提供了深厚的理论支持。人力资本理论把教育看作提升人力资本质量的重要渠道，将教育投资看作生产性投资，通过教育投资可以提升个体的知识技能，从而提高个体的生产力，对经济社会的发展起到推动作用。在培育大国工匠精神的过程中，教育是传递知识、技能的主要途径，是提升个体技术素质、培养大国工匠精神的关键途径。通过教育，个体能够掌握更加深厚的专业知识和技能，也能够学习到大国工匠精神所代表的敬业精神、创新精神和精益求精的工作态度，从而更好地适应社会和职业的需求。

教育是企业获取和培养人力资本的重要途径，对于企业来说，投资教育就是投资未来。教育可以提供专业知识和技能的训练，提高员工的工作效率，从而提高企业的生产力和竞争力。同时，教育也可以培养员工的创新能力，提高企业的创新能力，增加企业的核心竞争力。大国工匠精神代表的是专业精神、创新精神和艰苦奋斗精神，这些都是企业发展需要的核心能力。因此，企业通过支持教育、参与教育，不仅可以获取和培养具有大国工匠精神的高素质人才，也能够通过这种方式投资自己的未来，提升自己的核心竞争力。

（二）重视个体的个性化发展

人力资本理论强调个体的差异性，为大国工匠精神的培育提供了方法论指导。人力资本理论认为，人力资本不仅具有时效性，而且具有个体差异性。每个人都有自己的特点和优势，适应不同的工作岗位和职业发展路径。在培育大国工匠精神的过程中，教育机构和企业应该充分考虑到学生的个性化和差异化，提供个性化的教育和培训，帮助学生找到最适合自己的发展路径。这种模式不仅能够提高教育的效率和效果，也能够提高企业的人力资源配置效率，优化人力资本的配置。此外，教育的个性化、差异化培养是人力资本理论的一个重要观点。

人力资本理论认为，每个人都有自己的优势和特点，应该根据个人的特点和优势，进行个性化、差异化的教育，从而最大限度地发挥个人的潜能，提升个人的人力资本。大国工匠精神的培养也需要这种个性化、差异化的教育。大国工匠精神不仅包括专业技能的精湛，还包括对工作的热爱、对创新和对完美的追求。这些都需要在教育中个性化、差异化地培养，才能诞生具有大国工匠精神的高素质人才。

（三）注重对于社会进步的推动作用

人力资本理论强调人力资本的社会性，为大国工匠精神的培育提供了更高层次的指导。人力资本理论指出，人力资本不仅是个体的属性，也是社会的资产。人力资本的提升不仅可以提高个体的收入和福利，也可以促进社会的经济发展和社会进步。在培育大国工匠精神的过程中，我们应该看到，这不仅是培养人才的新方式，更是社会发展的重要驱动力。注重大国工匠精神的培育，可以提供更高质量的教育，培养出更优秀的技术人才，为社会提供更多的人力资本，推动社会的进步。同时，也能促进社会的公平和公正，通过提供更多的教育机会，更多的人可以获得高质量的教育，进而提高自己的人力资本，改善自己的生活。

在大国工匠精神的培育中，应该继续深化对人力资本理论的理解和应用，推动大国工匠精神的培育，为社会的进步做出更大的贡献。

第二节　"以人为本"教育理念

一、"以人为本"教育理念的理论基础

（一）马克思主义以人为本的哲学思想

与传统哲学理念中强调"抽象的人"不同，卡尔·海因里希·马克思（Karl Heinrich Marx）将人看作"现实的人"，认为人在本质上来说是一切社会关系的总和。"现实的人"这一概念是马克思历史唯物主义研究的出发点

和归宿点。马克思定义"现实的人"是以物质生产活动为基础的，处于一定历史条件下，在一定的社会关系中从事生产实践活动的，有思想、观念和意识的个人。

作为马克思理论的重要组成部分，历史唯物主义揭示了人类社会发展的一般规律，强调了人民群众在人类历史发展进程中的主体地位。人是实践的主体，人民群众是社会历史的创造者，是社会物质财富与精神财富的创造者，更是促进社会变革的决定力量。

人既是发展的根本目的，也是发展的根本动力，以人为本中的"人"，指的是广大人民群众，既不是抽象的人，也不是某个人、某些人。历史唯物主义认为，历史是人民群众创造的，也只有人民才是创造世界历史的根本动力，因此，在开展实践时，要充分重视人民的重要性，要始终站在最广大人民的立场上，代表最广大人民的根本利益。具体到社会发展的各领域，"以人为本"中的人指的则是发展的主体，比如，在教育中贯彻以人为本的理念，就是以学生为本。

以人为本，重视人的发展。马克思主义强调人的发展应该是自由、和谐、充分的，人是社会的人，人的发展与社会的发展紧密相连，两者互为发展条件。人是社会实践的主体，人在已有实践条件的基础上充分发挥主观能动性，不断进行创造性实践，在实现自我发展的同时，推动着社会不断向前发展，而社会的发展又为人的发展创造了新的实践条件。

在社会实践中，人既被社会现实所塑造，又在社会发展中不断实现自身的发展。在人与社会构成的社会共同体中，社会也处于持续发展状态，由简单性向复杂性发展，由单一性向多元性发展。因此，人是建设社会和实现目标的决定性因素，社会中一切工作的开展都需要以人为中心。坚持以人为本的理念，促进人的全面发展，就是推动社会进步的根本条件。

习近平总书记在二十大报告中再次强调了以人民为中心的重要性，强调要坚持以人民为中心的发展思想。维护人民根本利益，增进民生福祉，不断实现发展为了人民、发展依靠人民、发展成果由人民共享，让现代化建设成果更多、更公平地惠及全体人民。具体到教学活动中，以人为本就是要重视教学活动主体作用的发挥，就是以学生为本。

（二）因材施教理论

因材施教是以人为本理念在实践教学过程中的鲜明体现，其重视在教学过程的推进，在教学方法的选择上充分贯彻以人为本的理念，因为学生在个性与天赋上存在很大差异，教育活动若不能关注到这些差异性，就很难保证教育质量与教育效率。因材施教指的是教师在教学过程中，根据学生不同的认知水平、学习能力、性格特点以及生活环境，有针对性地选择适合不同学生的教学方法进行教学。因材施教的教育方法由来已久，在《论语·先进篇》中就记载了孔子因材施教的典型案例。

因材施教是以人为本理念在教学实践中的表现，是一种尊重学生个性化发展的教学理念，它不但重视学生知识的积累，同时还重视对于学生自主学习能力的培养和提升，根据学生的特点因势利导，从而引导学生充分开发自己的潜能并进行创造性实践。

具体到大国工匠精神的培育中，因材施教理论要求教育工作者要全面、深入地了解每个学习者，正视他们之间的差异，同时，充分发挥自身的主观能动性，灵活采用不同教学方法以提升培训活动的针对性，实施个性化的教学与管理。只有这样才能确保每个学习者都能有效参与到大国工匠精神的培养过程中。

在实践中，需要教育工作者根据每个学习者的特点，结合其所从事的专业技术领域，制订符合其发展需要的培养计划，安排好每个教学环节，针对不同学习者采用不同管理方式。在掌握和学习专业技术知识与技能的同时，也要注意培养他们的创新思维，鼓励他们勇于实践、敢于挑战，使他们在体验中不断探索和提升自我。大国工匠精神的培育，不仅需要学习者具有扎实的专业技术基础，更需要他们具有敬业、坚韧不拔的职业精神，以及对工作的热爱和追求。因此，我们需要通过实践性、体验性的教学方式引导他们体验工匠精神的实际意义，了解工匠精神对他们个人发展以及对社会发展的重要性。这也要求我们在教学中融入情感教育，让学习者对工匠精神产生深厚的情感认同，从而深化他们的学习动机，增强学习效果。

同时，大国工匠精神的培育也需要教育工作者具有高度的敬业精神和责任感。他们不仅要传授专业知识，更要引领和示范大国工匠精神，通过言行影响和感染学习者，使学习者能够在实际工作中积极发扬和实践工匠精神，为我国经济社会发展贡献自己的一份力量。

（三）人本主义学习理论

1. 人本主义理论的内涵

人本主义兴起于 20 世纪五六十年代，由亚伯拉罕·马斯洛（Abraham H. Maslow）所创立，是心理学的重要流派，强调人的自我实现。

人本主义既反对只针对人类行为进行研究的行为主义，也不认同弗洛伊德只研究人类精神和心理问题的行为，因此，被称为心理学的第三种势力。人本主义将研究的落脚点放在人的成长与正向心理发展上，同时又汲取了哲学中存在主义的部分思想，强调自由的重要性与人生价值的意义。

马斯洛认为，动机是人类个体成长的内在力量，而动机的形成受到诸多因素的影响，其中最为关键的就是人类发展的需要。人类的需要多种多样，而各种需要之间有高低层次之分，不同需要所形成的动机将决定人类的行为，进而影响个体发展的境界。

马斯洛将个体需求划分为五个层次，后来又扩大为八个层次，其主要内容包括以下几个方面。

（1）生理需要：满足生存的最基本需求，包括空气、水、食物、睡眠、性等需求。

（2）安全需要：安全是人类个体生存的重要需求，安全、稳定、秩序井然的环境可以为个体的发展提供保障。

（3）归属与爱情需要：人类是生活在具体社会环境当中的，具有社会性，人类个体需要与他人建立一定的联系，比如，结交朋友、追求爱情，才能更好地生存和发展。

（4）尊重需要：尊重需要分为两个方面，一方面是对自己的尊重，另一方面是尊重他人。

（5）认知需要：人类发展需要探索、获取和理解知识，只有掌握了知识，才能寻求进一步的提升。

（6）审美需要：人类需要满足自身对于审美的欲望，人类的审美需要主要表现为审美欲望、审美要求、审美意向和对美的寻找和探索等。

（7）自我实现需要：人类个体需要不断完善自己的能力，以满足自我实现的愿望。

（8）超越需要：人们不断追求更高层次的发展，超越自身原本状态的需求。

2. 人本主义学习理论的内涵

人本主义学习理论强调人的发展、情感、态度等因素对于教学的影响。人本主义学习理论同样强调学习者在教学过程中的主体地位，同时还强调学习过程与学习者的发展。

人本主义学习理论从学习者自我实现的角度来考察教学活动，认为知识的学习是服务于学习者个人发展的，教育的目的是帮助学生学会学习，将学习本身抽象为一种品质，这种品质可以帮助学习者树立正确的学习理念，探寻合适的学习方法，实现个人的全面发展。因此，在教学实践中，教师不能将学生简单地当作教学对象，而应该将学生视为谋求发展的个体，是教学活动的重要参与者。

人本主义学习理论的重要代表人物是美国心理学家卡尔·兰塞姆·罗杰斯（Carl Ransom Rogers），罗杰斯认为，人类的情感与认知是不可分割的，教学的目标是促进人躯体、情感、知识、精神的全面发展，他主张以学习者为中心组织开展教学活动，促进学习者自我学习能力的提升，不断追求自我发展与自我实现。罗杰斯对于教学活动还有更为详细的阐述，包括以下五点。

（1）教学活动的主要目标之一就是激发学习者的潜能，教师在教学过程中应该为学生提供良好的学习氛围，在传授知识的同时帮助学习者加深对自我的理解。

（2）学习者拥有选择教材的自主权，好的教材应该贴合学习者的实际生活，符合学习者的发展意向，切合学习者的能力水平。

（3）教师在教学过程中应当注意观察学习者的内心感受与情感变化，帮助学习者建立有效的沟通渠道，及时发现学习者由于各种因素引起的心理问题，并提供心理辅导与其他帮助。

（4）在实践教学中，培养学习者的学习兴趣，注重学习者自主学习能力的提升。

（5）鼓励学习者积极参与社会活动，培养自我求知能力。

3.人本主义学习理论的主要观点

（1）强调学习者的主体地位。人本主义学习理论强调学习者自主学习意识的培养与自主学习能力的提升。在教学过程中，教师应该重视学习者的自主思想，鼓励学习者在学习和探索知识时充分发挥主观能动性，分析自身的学习特点与学习现状，根据自身的学习需求自主制订学习计划，选择适合自己的学习方法，对自己的学习进程进行跟踪监控，总结分析自己的学习成果，反思自身在学习中存在的问题。学习者是学习的主体，应当在教师的帮助下，通过建构知识内容实现自我的发展与提升。

（2）关注学习者的内心世界。人本主义着重讨论"人"的概念和意义，认为"人"是研究和理解人类社会与人类思维的基础，人本主义学习理论同样重视学习者的内心世界对教学的影响，认为学习是学习者的主观行为，在教学中应当将学习者的认知、情感、动机等主观因素放在十分重要的位置。人本主义学习理论反对行为主义将人当成动物进行简单的行为分析，也反对弗洛伊德将对特殊群体的研究成果应用到普通人身上，人本主义学习理论强调促进人的正向发展，认为教育者应该更多地了解学习者的内心世界，根据学习者的兴趣、认知、情感、动机等因素调整教学方式，培养学习者的自主学习意识，增强学习者的自主学习能力。[①]

（3）重视学习者潜力的开发。人本主义学习理论认为人的潜能可以自我实现，人的潜力就像一粒种子，可以绽放出自我实现的花朵，教育、环境和文化等因素就像阳光、水分和土壤，为种子的发芽生长提供适宜的环境，因

---

① 张晓青.唤醒教育 [M].北京：中国商务出版社，2020：125-128.

此，教育的任务就是挖掘学习者的潜在能力。这就要求在实践教学中，教师要充分了解学习者的能力水平、智力结构、学习特点、个性差异等，并针对学习者的特点灵活选择教学方式，创设教学情境。教学方法既要在整体上统筹，又要兼顾个体，因人而异，帮助学习者实现自我发展。

（4）促进学习者的全面发展。人本主义学习理论认为教育的理想目标是帮助学习者成为全面发展的人。人本主义学习理论不仅重视学习者知识的掌握与自我学习能力的发展，还重视人自我修养的形成，通过丰富多彩、形式多样的课堂设计，为学习者营造一个平等、自由、和谐、民主的学习氛围，帮助其更好地融入集体当中，通过与其他学习者之间的良性互动，实现集体的共同进步。学习者在学习过程中既需要探索和掌握具体的知识，培养和提升自主学习能力，同时还需要形成能适应社会环境变化，在变化中谋发展的个人品质。[①]

二、以人为本教育理念的内容与应用

以人为本教育理念是当代重要的教育理念，是新时代重视学生自身发展的体现。在大国工匠精神现代传承与创新之中贯彻以人为本的教育理念，需要从以下几个方面出发。

（一）重视学生的主体地位

在大国工匠精神的培育过程中，坚持以人为本，实际上是强调将学生自身素质的发展放在首位，关注他们的成长需求，尊重他们的个性差异，充分激发他们的主动性、创造性，让他们在实践中主动学习，积极成长。

首先，我们应该明确大国工匠精神培育的目标是培养具有专业技能和敬业精神的人。而人的发展是多元化、个体化的。每个学生都有自己的个性特点、学习需求、发展方向。因此，在大国工匠精神的培育过程中，我们要尊重学生的个性差异，关注他们的成长需求，为他们提供多元化、个

---

① 王保中 . 本真学习的构想：兼议代表性典型学习理论 [M]. 哈尔滨：哈尔滨出版社，2021：41-45.

体化的学习机会。我们不能把学生当作填充技能的容器，而是要把他们视为富有主体性的学习者，让他们在实践中主动探索、积极思考，发现和解决问题。

其次，坚持以人为本，就是要充分发挥学生的主动性、创造性。在大国工匠精神的培育过程中，学生不仅要接受指导，还要参与到实际技术操作中去，这就需要我们给他们提供充足的实践机会，让他们在技术实践中提高能力。同时，我们也要鼓励学生发挥创新精神，勇于挑战旧的技术观念和操作方法，实现专业技能的进步和创新。坚持以人为本，还要关注学生的全面发展。在大国工匠精神的培育过程中，我们不仅要关注学生技能的培养，还要关注他们综合素质的培养，如思维能力、创新能力、团队协作能力、沟通能力等。我们要努力培养学生成为具有高尚工匠精神和较强专业技能的新时代高素质人才。

最后，坚持以人为本，在大国工匠精神传承的过程中，就是要构建以学生为主体的学习环境。在这样的环境中，学生可以根据自己的兴趣和需求，自主选择学习内容和学习方式；导师不再是唯一的技术传递者，而成为学生学习的引导者和助手；学习不再是单向的灌输，而是互动的过程。这样的学习环境能够充分调动学生学习的积极性和主动性，激发他们的学习兴趣和创新精神，从而达到更好的教育效果。

（二）重视学生的个性化发展

在大国工匠精神的培育过程中，坚持以人为本的理念，强调的是关注每一位学生的独特性，激发他们的主观能动性，而不是仅仅把他们视为技能和精神的接收者。因此，重视学生的个性化发展，不仅是培养大国工匠精神的要求，也是人的尊严和价值的体现。

每个学生都有自己的特长和兴趣，这是他们个性的重要组成部分。如果我们忽视这一点，只是机械地灌输技能和精神，那么学生可能会失去学习的兴趣和动力。但如果我们尊重学生的个性，关注他们的兴趣和特长，那么学生就有可能在学习中找到自己的价值和方向，从而更好地发挥他们的主观能动性。重视学生的个性化发展，也是培养大国工匠精神的需要。在当前社会，我们需要的不仅仅是掌握一定技能的人，更需要有创新精神和创新能力的人。而创新往往源于个性，是对常规的突破和超越。如果我们忽视学生的个性，那么就可能抑制他们的创新精神和创新能力。

在培育大国工匠精神的过程中，重视学生的个性化发展，首先，需要改变教育观念，认识到培养大国工匠精神不是一种填鸭式的灌输，而是一种启发和引导。我们要尊重学生的个性，尊重他们的选择，更要尊重他们的发展路径。我们要把学生视为独立的个体，而不是技能和精神的容器。其次，我们需要改革教育方法，引入更多以学生为主体的教学模式。让学生在技术实践中发现自己的兴趣和特长，并充分发挥自己的特长。比如，通过实践课程，让学生在自主实践和协作学习中，发现和发展自己的个性。最后，我们需要加强协同育人，为学生提供更多的实践机会，让学生在实践中发现自己的兴趣和特长，发挥自己的主观能动性。我们可以通过实习、实训、项目合作等方式，让学生走出课堂，走入社会，亲身体验和参与技术创新和技能运用的过程。在这个过程中，学生可以真实地感受到自己的价值和能力，更好地理解和应用所学技能，从而更深入地了解和掌握自己的兴趣和特长。

当然，为了更好地贯彻以人为本的理念，我们还需要提供个性化的教育资源和服务，满足学生的个性化需求。这包括提供丰富多样的课程，满足学生的不同兴趣和特长；提供个性化的学习指导，帮助学生确定自己的学习目标和路径；提供个性化的职业指导，帮助学生了解自己的职业兴趣和职业潜力。

（三）根据学生的特点因材施教

在大国工匠精神的培育过程中，因材施教的重要性更是显而易见。工匠精神的培养不仅关注学生的技术技能，还注重学生的个性发展、独立思考能力和团队协作能力。每个学生的学习能力、兴趣爱好、态度和动手能力都有所不同，因此，对于教育工作者来说，根据学生的个性特点制定不同的教育方案，才能更好地引导学生积极参与技术实践，提高其技术技能，培养其团队协作和竞争意识，也有利于培养他们独立思考和解决问题的能力。

在具体教学过程中，教师可以通过了解学生的技术、兴趣和能力，为他们提供不同项目，让他们在享受工作的快乐中提高技能、发展个性。同时，教师也可以通过不同教学方法，如示范教学、对话教学、探索式教学等，引导学生主动学习，提高他们的学习效率和效果。此外，通过设置不同难度的技术项目，教师可以挑战学生的技术极限，促使他们不断超越自我、发掘潜能。在此过程中，教师的角色也从传统的知识传授者转变为引导者和协助者，他们不仅要传授技术技能，还要帮助学生找到适合自己的学习方式，激发他们的学习兴趣和动力，培养他们自主学习和创新思考的能力。

（四）重视学生综合素质的提升

促进学生综合素质的提升，既是时代的要求，也是以人为本教育理念贯彻于大国工匠精神培养中的体现。对于学生来说，自我发展与个人价值的实现是其接受教育的重要目的，而素质教育改革与全面发展理论也均强调学生综合素质的提升。

在大国工匠精神的培育中贯彻以人为本的理念，必须重视学生综合素质的提升。大国工匠精神对于学生综合素质的发展具有重要的促进作用，通过参与各种技术实践活动，学生可以提升专业技能，增强创新能力和实践能力，提高解决实际问题的能力。技术实践能力是学生综合素质的重要组成部分，对于他们的学习和未来职业生涯都起着重要的推动作用。

大国工匠精神还提供了学生之间交流互动的机会，通过参与团队项目和比赛，学生可以培养团队合作能力、领导才能和人际交往技巧。这有助于提升学生的社交能力和团队精神，增强他们的人际关系网络。参与技术实践活动需要学生制订计划、管理时间和优化资源，这培养了学生的自我管理能力、自律性和责任感，有助于他们在学习和生活中更好地组织和规划。技术实践活动可以给学生提供解决实际问题的途径，这有助于培养他们解决问题的能力，增强实际操作能力。大国工匠精神还能培养学生的职业精神，公平竞争和团队合作意识。学生在项目和训练中可以学会尊重他人、遵守规则和公正待人，培养良好的职业道德和职业习惯。大国工匠精神涉及多种技能和知识领域，如技术技能、战略规划、项目管理等。学生通过技术实践活动培养跨学科的综合能力，提升自己在不同领域的适应能力和综合素质。

因此，在大国工匠精神的培育中贯彻以人为本的理念，促进学生综合素质的提升，就是要以学生为本，重视发挥技术实践活动在上述诸多方面的功能。

第三节 能力本位教育理念

一、能力本位教育理念的提出

能力本位教育理念是一种以能力培养为中心的教育观念，强调教育应该关注学生在知识、技能、素质、态度等各方面的全面发展，以培养具备综合素质和应对实际问题能力的人才。能力本位教育理念主张在教学过程中，既要注重学生知识体系的建构，又要关注学生能力的形成和提升。为实现这一目标，教育者需要进行课程体系改革、教学方法创新和评价体系优化等多方面的努力。

能力本位教育（Competency based education，CBE）指的是围绕具体工作岗位所要求的知识、技能与能力组织课程与教学体系。能力本位教育源于20世纪60年代北美地区的师范教育改革，1967年，能力本位教育被提出以取代传统的师范教育模式。

能力本位教育理念由于本身就是从技术工人再培训的过程中总结衍生而来的，因此非常适用于应用型人才培养，在其提出后不久，就被逐渐运用于职业教育与职业培训当中，并被广泛传播到世界各地。在职业教育中，能力本位教育观强调，对于学生职业能力的培养，既包括专业知识体系的建构，也包括实践能力的培养，同时倡导在教学实践中使用灵活、多样的教学方式，不再将具体的学科知识和学历水平作为学生培养的核心，而是重视学生的实践训练和创新能力的培养。大国工匠精神的培育针对的主要人群就是新时代应用型人才，因此，能力本位教育理念与大国工匠精神的培育之间具有极高的契合度，应用型人才工匠精神的培育，是基于其扎实的技能体系的，也只有以高水平的实践能力为基础，才能确保大国工匠精神的贯彻与落实。

二、能力本位教育理念的内涵

能力本位教育理念强调学生能力的全面发展，不仅要关注知识的掌握和技能的熟练，还要兼顾情感、价值观、态度等方面的培养。这种教育理念认为，教育的目的不仅仅是传授知识，更重要的是帮助学生形成具有针对性、创造性和自主性的能力，从而使他们在未来职业生涯和社会生活中能够灵活适应和应对各种挑战。

能力本位教育理念与强调学生职业技能与职业素养培育的大国工匠精神培育具有非常强的适配性，在能力本位教育理念的指导下，教育过程更加注重学生参与和实践，鼓励学生主动探索、发现问题、解决问题。通过引导学生将所学知识和技能运用到实际生活和工作中，使他们的应用能力和实践能力得到提高。这种教育理念要求教育者在教学设计中充分考虑学生的实际需求，将知识传授与能力培养有机结合，创设丰富多样的学习场景，以激发学生的学习兴趣和动力。

能力本位教育理念还强调教育者与学生之间的互动和沟通，认为教育者应当关注学生的个性差异，尊重学生的主体地位，发挥学生的主动性和创造性。这是受现代教育理念与促进学生全面发展的终极目标影响而形成的，在教学过程中，教育者需要调整教学策略和方法，以满足不同学生的学习需求和发展潜能。此外，教育者还应关注学生情感和价值观的培养，以促进学生全面发展。

能力本位教育理念与大国工匠精神培育之间有着深刻的联系，它们在培养学生的实践能力、创新意识和职业素养等方面有着共同的目标和方法。

首先，能力本位教育理念强调学生能力的全面发展，这与大国工匠精神强调的实践能力、技术熟练度和解决问题的能力高度一致。在大国工匠精神的培育中，教育者不仅要教授技术知识，更要引导学生通过实践活动来锻炼和提高自己的技术能力和创新能力。其次，能力本位教育理念注重情感、价值观、态度的培养，这与大国工匠精神强调的敬业精神、严谨态度、创新精神和团队协作精神是一致的。通过大国工匠精神的培育，学生可以了解并领悟到职业道德和职业精神的重要性，形成正向的价值观和积极的工作态度。最后，能力本位教育理念强调学生的主体地位和主动性，鼓励学生主动探索、发现问题、解决问题，这与大国工匠精神倡导的创新意识和独立思考能力相契合。在大国工匠精神的培育过程中，教育者需要尊重和激发学生的主动性，鼓励他们通过主动参与和探索来发现和解决问题，从而培养他们的独立思考能力和创新能力。

能力本位教育理念和大国工匠精神培育都强调全面发展、实践能力和价值观培养，而且都以学生为主体，鼓励学生的主动性和创造性。通过这种关系，我们可以看到能力本位教育理念在大国工匠精神培育中的重要作用。①

三、能力本位教育理念的特征与实践应用

（一）以能力培养为核心

能力本位教育理念将学生能力的培养置于教育的核心地位。这一特征表现在教育者对学生知识、技能、态度、价值观等方面的全面关注，以培养具备现代职业素养和社会责任感的高素质人才为教育目标所指。

首先，能力本位教育理念强调知识的重要性，但不将知识传授作为教育的唯一目标。教育者需要在教学过程中关注学生对知识的掌握程度，同时将知识与实际应用相结合，帮助学生形成系统的知识体系。通过将知识与实际场景相结合，学生能更好地理解和运用所学知识，提升分析和解决问题的能力。其次，能力本位教育理念强调实践技能的培养。教育者需要关注学生的实际操作能力和技能运用，通过各种实践活动，如实验、实习、项目等，学生在实践中不断提高技能水平。同时，教育者要关注学生跨学科、跨领域综

① 周明星. 藩篱与跨越：高等职业教育人才培养模式与政策 [M]. 武汉：华中师范大学出版社，2018：81-84.

合素质的培养，提高学生在复杂问题中应用多种技能的能力。最后，能力本位教育理念还强调学生态度和价值观的培养。教育者应在教学过程中关注学生的情感和态度变化，引导学生树立正确的价值观和世界观，培养他们的责任感、合作精神和创新意识等品质。通过对学生情感、态度、价值观的关注，教育者能够培养出具有健全人格和优秀品质的新时代人才。

能力本位教育理念要求教育者在课程设置、教学方法和评价体系等方面进行改革和创新，以适应能力培养的要求。在课程设置上，教育者需要关注课程的实践性和应用性，强化课程与实际问题的联系，提高学生的实际操作能力。在教学方法上，教育者要采取多样化的教学手段，如讨论式教学、项目式教学、案例教学等，以激发学生学习的积极性，提升教学效率，优化教学效果。

能力本位教育理念以能力培养为核心，对于大国工匠精神培育具有重要的指导意义，主要体现在以下几点：第一，大国工匠精神强调的是理论与实践相结合的能力，即在实践中深入理解理论知识，在理论指导中实践操作。能力本位教育理念鼓励学生将所学知识与实际应用相结合，理解知识的实际意义和用途，培养学生独立思考和解决问题的能力。第二，大国工匠精神强调敬业、精益求精、创新和团队协作的态度。能力本位教育理念注重学生的态度和价值观的培养，通过对学生情感、态度、价值观的关注，教育者能够培养出具有良好品质的工匠，这些工匠不仅有优秀的技能，而且有良好的职业素养和社会责任感。第三，为了适应能力培养的要求，教育者需要关注课程的实践性和应用性，采取多样化的教学手段，如讨论式教学、项目式教学、案例教学等。在大国工匠精神的培育中，这些教学方法可以帮助学生更好地理解和掌握知识，提升实践能力，从而成为优秀的工匠。

（二）注重实践应用和创新能力培养

能力本位教育理念强调培养学生的实践应用能力和创新能力，使他们在实际工作和生活中能够灵活应对各种挑战。为实现这一目标，教育者在课程设计、教学方法和评价体系等方面需要进行改革和创新。

首先，我们需要明确能力本位教育理念的核心内容。在这种教育理念下，重视的是学生实践能力的培育，而不仅仅是知识的掌握。这种理念强调，我们要培养的是在实际工作和生活中，遇到问题能够灵活思考、能够创新解决问题的人。这是一种更为全面和深入的教育理念，强调学生能力的全面提升，以应对现代社会日益复杂的挑战，这一理念与大国工匠精神的培育十分契合。

其次，能力本位教育理念要求我们对大国工匠精神的培养进行课程设计层面的改革，强调课程设计应以提高学生的实践应用能力和创新能力为核心目标。为此，我们需要设计一套更加符合现代社会需求的课程体系，使其更加注重实践应用，更加强调创新思维的培养。这样的课程设计，能够更有效地提高学生的实践能力和创新能力，使他们能够在未来的工作和生活中表现出更高的能力。

再次，我们还需要改革教学方法，以更好地培养学生的大国工匠精神。能力本位教育理念强调，教学方法应以提高学生的实践应用能力和创新能力为主。为此，我们需要尽可能引入更多的实践教学环节，使学生在实践中提高能力；同时，我们还需要鼓励培养学生的创新思维，教导他们如何在实际问题中寻找创新的解决方案。这样的教学方法，能够更有效地提高学生的实践能力和创新能力，使他们能够在面对未来的挑战时展现出更高的能力。

最后，我们还需要改革评价体系，以更准确地评估学生大国工匠精神的培育情况。能力本位教育理念强调，评价体系应以评价学生的实践应用能力和创新能力为主。为此，我们需要建立一套更加全面和公正的评价体系，使其更加注重实践应用和创新能力的评估，而非仅仅依赖于传统的书面考试。这可能包括项目基础的评估、模拟情境，甚至是对学生在真实环境中表现的考查。此外，评价体系也需要对学生的创新思维进行评估，激励他们在面对问题时能够勇于创新、勇于尝试新的解决方案。这样的评价体系，能够更全面地评估学生的实践能力和创新能力，也能更客观、科学地反映出学生的真实素养。

（三）强调个性化和差异化教学

能力本位教育理念着眼于学生的全面发展，同时注重学生的个性化和差异化发展，鼓励个性化推进人才培养。每一个学生都是独特的，拥有不同的兴趣、才能和潜力。因此，教育不应是"一刀切"的模式，而应针对每个学生的特点进行个性化和差异化的教学。这种方法不仅能够最大限度地挖掘和发挥学生的潜力，而且能够激发他们的学习兴趣和积极性，从而提高他们的学习效果和满意度。

能力本位教育理念着重于培养学生的能力，而非简单地向他们灌输知识。这一理念强调的是学生的主体地位，重视对每个学生独特才能和潜力的培养。它认识到每个学生都是不同的，有着自己独特的个性和学习方式，因此，应当对每个学生进行个性化和差异化的教学，这样才能最大限度地发挥他们的潜能。在这个理念下，教育不再是传统的"填鸭式"教育，而变得更加灵活和多元。它尊重每个学生的个性，允许并鼓励他们按照自己的方式和速度去学习。教师的角色也从传统的"教"变为"引导"，致力激发和引导学生的兴趣，帮助他们发现和解决问题，而非单纯地向他们灌输知识。这种教育方式能够使学生们在学习中发挥主动性和创造性，使他们更加深入地理解和掌握知识。同时，它也尊重并鼓励学生的个性和独特性，使他们有机会发展自己的兴趣和潜力，提高他们的自信心和满足感。

能力本位教育理念重视个性化和差异化教学，但并不意味着每个学生都要学习完全不同的内容，而是强调教学方式和方法应当根据每个学生的个性和需求来调整。例如，对于那些喜欢动手实践的学生，教师可以提供更多的实验和项目让他们参与；对于那些善于思考的学生，教师可以设计更多的讨论和研究让他们进行。能力本位教育理念中的个性化和差异化教学，旨在让每个学生都能在学习过程中找到自己的位置，发现和发展自己的才能，充分发挥自己的潜能，从而实现全面发展。

大国工匠精神的培养是实现个性化和差异化教学的有效方式。通过大国工匠精神的培养，学生可以参与到各种实际项目和工作中，从中学习和成长。在这个过程中，学生可以根据自己的兴趣和能力选择适合自己的项目和工作，从而实现个性化的学习。同时，由于每个学生参与的项目和工作都是不同的，他们可以根据自己的特点和需要获得不同的学习体验和成长机会，从而实现差异化教学。

此外，大国工匠精神的培养也为个性化和差异化教学提供了良好的条件。通过教育者的指导，学生可以更好地了解自己的需求和情况，从而进行更为精准的个性化和差异化教学。例如，教育者可以提供关于学生在实践中的表现和进步的反馈，以此来调整教学计划和方法，以更好地满足学生的需求。同时，教育者也可以根据学生的需求和反馈，为他们提供更为实用和贴近实际的教学内容和技能训练，从而提高他们的实践应用能力和工匠精神。

第四节　协同理论

一、协同理论概述

（一）协同理论的概念

协同理论也被称为"协同学"或"协和学"，是由德国物理学家赫尔曼·哈肯（Hermann Haken）提出的系统科学的重要分支理论，哈肯于1971年提出了协同的概念，并于1976年对协同理论进行了系统的阐述，发表了《协同学导论》等著作。

协同理论主要研究的是系统在与外界进行物质或能量交换的情况下，如何通过自己的内部协同作用，实现自身结构的有序建构。该理论主张通过建立完整的数学模型和处理方案，在微观到宏观的过渡上，对各种系统和现象中从无序到有序转变的共同规律进行描述，着重探讨各种系统从无序变为有序时的相似性。哈肯说把这个学科称为"协同学"，一方面是由于我们所研究的对象是许多子系统的联合作用，以产生宏观尺度上的结构和功能；另一方面，它又是由许多不同学科进行合作来发现自组织系统的一般原理。

协同理论研究的对象是系统，在我们生活的世界中存在着大量的、不同类型的系统。这些系统广泛存在于不同领域，其表现形态、构成要素、内部结构、功能属性等丰富多样，不可胜数。这些系统有的属于自然生态系统，有的属于社会人文系统，有的是宏观系统，有的是微观系统，但这些看起来完全不同的系统却都具有深刻的相似性。协同理论正是以认识和解决系统的发展和内部结构的更新变化为主要内容而形成的理论。协同理论通过类比从无序到有序的现象，建立了一整套数学模型和处理方案，并推广到更为广泛的领域，设想在跨学科领域内考察其类似性以探求其规律。这种泛用性是协同理论最为显著的特性之一。

（二）协同理论的内涵辨析

协同理论，作为一种寻求探索和解释各类系统在经历了变异后如何发展为有序状态的理论，已经成为许多学科的重要工具。它不仅被应用在自然科学领域，也被广泛应用于社会科学、经济学、心理学等领域。这种理论的应用不仅可以帮助我们理解复杂系统如何从混沌状态发展到有序状态，还可以帮助我们理解和预测许多自然和社会现象，为我们提供一个新的视角和工具来解决一些复杂的问题。

协同理论的主要研究对象是"系统"，而"系统"在这里被广义地定义为一个包含了许多相互关联的元素的整体。这种系统可能是物理的、生物的、社会的，甚至是抽象的思想系统。每个系统都有其自身的内部结构，这些结构通过不同的相互作用方式将各个元素连接在一起。然而，这些系统并不是静止不变的，它们是动态的、演化的。协同理论的主要任务就是研究这些系统如何通过自身的内部协同作用，从而实现自身结构的有序建构。

协同理论中的一个重要观点是，一个系统的有序状态并不是由外部强加的，而是由系统内部的相互作用和协同作用自发形成的。这种从无序到有序的过渡过程被称为"自组织"。协同理论主要研究的就是这种自组织过程，它试图找出驱动这种过程的内在机制，解释系统如何通过内部相互作用和协同作用，实现自身结构的有序建构。

此外，协同理论还强调了多个子系统的联合作用在形成宏观结构和功能上的重要性。这种观点对于理解复杂系统的组织和功能具有重要意义。在许多复杂系统中，单个元素往往无法独立地产生有意义的行为或功能，而是需要通过与其他元素的协同作用，共同产生复杂的行为和功能。这就需要我们不仅要研究单个元素的行为，还要研究它们的相互作用和协同作用。

二、协同教育理论

（一）协同教育理论的内涵

协同教育理论来源于协同理论，是协同理论应用于教育领域而形成的一种教育理论。协同教育理论的核心观点，是将人类社会的教育分为三大教育系统，分别是学校教育系统、家庭教育系统与社会教育系统。每个系统都包含不同的要素，具有不同的教育功能，采用不同的教育方法，具备独特的教育资源优势。

学校教育系统包含教师、课堂以及类型丰富的教学设施，是教育资源最为集中的教育系统。学校教育系统能够集中教授学生丰富、专业的知识，按照教育目标系统培养和提升学生的各项素质，是最重要的教育系统。家庭教育系统是与个体联系最为密切的系统，主要由家长和各种家庭教育媒体构成。家庭教育对于青少年的成长与发展，具有重要的促进作用。社会教育系统相比于学校与家庭教育系统来说，具有更为广阔的教育空间，主要由社会教育组织者、社会成员以及社会教育媒体组成。社会教育系统蕴含着丰富的教育资源，需要学生主动去感受和挖掘。

在现代社会条件下，要培养出高素质、有个性的学生，就要采用新的育人方式或育人理念，将家庭、学校和社会及受教育者这四个要素科学整合为一个更高层次的育人系统，使家庭教育系统、学校教育系统和社会教育系统三个子系统的要素或信息相互进入，从而产生协同育人效应。这种整合过程就叫作协同教育过程，其思想观点的整合就是协同教育理论。协同教育认为，处于不同人生阶段的人都要受到来自家庭、学校和社会的教育，或同时接受这三个方面的教育，而这三个方面的教育产生的总效果才是真正的教育效果。

（二）协同教育理论与大国工匠精神的培育

协同教育理论的最大特点就是倡导教育系统的全面协作。根据这个理论，学校、家庭和社会三大教育系统都是培养人才的重要角色，并且各自拥有独特的优势。在大国工匠精神的培养上，协同教育理论的应用可以得到显著效果。

1. 学校教育系统

在大国工匠精神的培养中，学校教育系统确实发挥着至关重要的作用。这个系统中的教师，不仅是学生接触知识的主要通道，更是精神文化的引导者。他们在传授各类专业知识的同时，通过举例、引导和鼓励的方式，让学生们深刻理解大国工匠精神的重要性和它所包含的各种品质。工匠精神的核心就是追求卓越，这就需要人们有坚定不移的决心和毅力，一心一意做好手中的工作，不断提高自己的技艺。为了更好地传递这种精神，学校可以通过案例教学或参观活动，让学生从中看到他们对技艺的执着追求，从而引发自己对专业技术的兴趣和热爱。精益求精也是大国工匠精神的重要组成部分。工匠们追求的不仅仅是工作的完成，更是工作的艺术性和完美性。教师们在课堂中会教导学生们追求每一个细节的完美，从小事做起、从细节做起，养成追求极致的习惯。勤奋努力和敢于创新，也是学校重点传授的工匠精神的一部分。通过一系列实践操作，如实验、设计等任务，教师们引导学生亲自动手，主动思考，培养他们的动手能力和创新能力。这种通过实践来学习和认识世界的方式，是培养大国工匠精神的有效途径。学校教育系统也通过举办各种比赛和活动，为学生提供了实践和挑战自我的平台。例如，学校可以定期举办创新设计比赛、技术操作比赛等，让学生在比赛中亲身体验到完成一个项目的全过程，从而在实践中领悟和体验大国工匠精神。这样既能激发学生的学习兴趣，又能锻炼他们的技能，最重要的是，能让他们在实践中深化对于大国工匠精神的感悟。

2. 家庭教育系统

家庭教育系统在培养大国工匠精神中具有不可或缺的作用，其重要性在于它为孩子的个性塑造提供了最初的、最深远的影响。如果学生是树苗的话，家庭就是孩子们的"土壤"，是他们个性形成的最重要土壤。

家庭教育的重要性在于，它是人的价值观和世界观的初始阶段。一个人的核心价值观，对世界的基本认知，都是在家庭中形成的。孩子们在幼小年纪就开始模仿父母，而父母的行为方式、生活态度、价值观等都会深深地影响孩子。因此，家长应当以身作则，以自己的行为作为孩子的模范。这种模仿和学习的过程，是孩子接触大国工匠精神的最初阶段。家长的执着、勤奋、创新等品质会在无形中影响孩子，使他们有意无意地接受和模仿。

家庭教育的另一个重要性在于，为孩子提供了一个接触和尝试的空间。孩子们在家庭环境中，可以根据自己的兴趣和特长，进行各种尝试和探索。家长可以鼓励孩子在这个过程中持之以恒、耐心钻研，培养出执着的工匠精神。无论是学习新的知识，还是提高某项技能，家庭都为孩子提供了充足的时间和空间。在这个过程中，孩子不仅能体验到掌握一项技能的乐趣，更能在实践中体验到持之以恒的工匠精神。

3. 社会教育系统

社会教育系统是培养大国工匠精神的重要平台。这是因为，社会作为一个大环境，是人们学习和实践工匠精神的广阔场所。社会的多元性和复杂性能够给人们提供各种各样的经验和机遇，这些经验和机遇不仅能让人们更深入地认识和理解大国工匠精神，更能让人们有机会在实践中感受和体验这种精神。

社会作为一个大环境，为人们提供了丰富的信息资源。这些信息资源包括各种媒体报道、公开讲座、展览活动等，它们都是人们了解和学习大国工匠精神的重要渠道。通过这些渠道，人们可以看到大国工匠精神在各个领域的应用和体现，可以了解到大国工匠精神对于社会和国家发展的重要意义。这些理解和认识会进一步深化人们对大国工匠精神的理解和认识，激发他们对这种精神的热爱和尊重。社会作为一个大环境，也能为人们提供实践大国工匠精神的机会。这些机会包括各种实习、实践活动，它们让人们有机会亲身参与到工作中去，接触到真正的工匠，体验他们的工作和生活。这些经验会让人们更直观、更深刻地感受到大国工匠精神的力量和魅力，从而更加深入地理解和接受这种精神。社会作为一个大环境，还能为人们提供展示和传播大国工匠精神的平台。人们可以通过各种形式，如写文章、做演讲、制作视频等，将自己对大国工匠精神的理解和体验分享给更多的人。这不仅能够让更多的人了解和学习大国工匠精神，也能够激发更多的人去实践和传播这种精神。

三、协同理论的要素

协同理论最重要的价值之一就是其泛用性与普遍性，这是因为，作为协同理论研究对象的系统是一个相对抽象的概念，这种对抽象概念的研究使得协同理论能够适用于不同领域。因此，协同理论具有广泛的适用性，同样，其对于立足于大国工匠精神培育的多元主体协同教育实践具有重要的指导作用。

协同理论是基于协同理论的系统运行理论构建的，指的是协调两个或者两个以上的不同资源或者个体，协同一致地完成某一目标的过程或能力。协同理论的要素主要包含以下几个方面。

（一）远离平衡状态是系统实现无序到有序的必要条件

只有远离平衡状态，才能保证系统的活跃性与动态性。大国工匠精神培育的多元主体协同教育系统是一个不断运动、变化和发展的系统，不同教育主体之间的地位、功能、作用，以及培育的内容等都不是一成不变的，而是根据学生的特点和需求变化而不断调整的。

大国工匠精神培育的系统应始终保持远离平衡状态，以适应快速变化的环境和不断提升的技术需求。不断变化的社会环境和技术发展为工匠精神的培育提供了源源不断的驱动力。这种远离平衡状态不仅有利于激发系统内部的活力和创新性，更能够让学生深感压力和挑战，从而更加深入地理解并实践工匠精神。在大国工匠精神的培育过程中，学校、家庭、社会以及学生本人等多元主体的角色并不是静止不变的，而是在不断地调整和转变的。学校需要更新教学内容、加强实践教学，以适应技术发展的步伐。家庭需要提供更多的支持和鼓励，让学生在追求技艺精湛的道路上不断前进。社会需要提供更多的平台和机会，让学生能够将学到的知识和技能应用到实践中去。学生本人则需要不断调整自身的学习态度和方法，始终保持对技术的热情和对精湛技艺的追求。这一切变化和调整，都离不开系统内部的动态性。只有保持动态性，大国工匠精神培育的系统才能快速响应环境的变化，灵活调整教育策略，及时反馈学生的需求，从而更好地培养出拥有大国工匠精神的学生。

（二）整体性是系统实现无序到有序的基础

系统中的各子系统或参与要素只有在统一于一个系统，或在一定条件下才可以与系统产生一定的联系，系统的各组成部分之间能够相互影响与相互作用，才能使整体协同成为可能。具体到大国工匠精神培育中，虽然教学主体、利益主体、教学内容、教学环节等因素在性质与特征上存在一定的差别，但不同要素必须紧紧围绕培育具有大国工匠精神的高素质应用型人才这一核心目标运行，其功能的发挥不能偏离这一目标，只有这样才能使各主体、各环节达到良好的协同效果。

对于大国工匠精神的培育而言，整体性的重要性不言而喻。教师、学生、学校管理层、家长以及社区等多元主体，在各自的角色和功能上可能存在显著的差异，但为了实现共同目标——培养出富有大国工匠精神的优秀人才，这些主体必须紧密协作，形成一个统一、协调的教育系统。

在这个系统中，每个参与者都需要有清晰的角色认知和责任感。教师不仅要负责教授专业知识，还需要引导学生理解和体验工匠精神的内涵；学生需要积极投入学习，持之以恒地追求技艺精进；学校管理层需要提供良好的教学环境和资源，鼓励创新实践；家长需要给予孩子适当的引导和支持，激发其对工艺制作的热爱；社区则需要为学生提供展示和交流的平台，使他们有机会将所学知识应用于实践，与更广大的社会互动。

只有这样，大国工匠精神培育的各要素才能形成有序、协调的整体，共同推进培育目标的实现。而这则需要各主体清晰认识到自身的角色和责任，认同并接受整体目标的制约，通过相互协作、相互学习，共同推动大国工匠精神的培育。这样的系统才能具备强大的生命力和发展潜力，才能适应不断变化的社会环境，满足日益提高的技术和人才需求。

（三）子系统之间需要具有共同特征

系统若想实现良好的协同发展，整体中的各子系统之间需要具有一定的相似性或者包含某些共同的特征。比如，在大国工匠精神培育中，政府、学校、企业、社会、家庭和学生个人共同组成一个庞大的人才培养系统，各主体之所以能凝聚在一起，是因为大国工匠精神培育这一实践包含着多主体的共同利益，利益的相似性使得不同性质、不同特点的主体能够实现有机协同。同时，无论是对国家、政府、社会，还是学生自身来说，学生的技能和大国工匠精神的培育都是其发展的重要推动力量。

在协同理论中，子系统之间需要具有共同特征，这个观点对于大国工匠精神的培育极其重要。这是因为，各子系统只有在追求共同的目标、秉承共同的价值观、拥有共同的工作方式时，才能真正形成一个有机的整体，实现有效的协同作用，最终推动大国工匠精神的培育。大国工匠精神的培育需要所有子系统追求共同目标。无论是政府、学校、企业、社会，还是家庭和学生个人，他们的目标都应该是培养具备大国工匠精神的人才，即拥有专业技能、严谨精神、创新思维和社会责任感的人才。这样的共同目标有助于集中和调动所有子系统的力量，使他们更好地协同工作，共同推动大国工匠精神的培育。所有子系统都应该秉承大国工匠精神所代表的价值观，包括对技能的尊重、对专业的热爱、对精益求精的追求，以及对社会的责任。这些价值观不仅是大国工匠精神的核心，也是所有子系统在协同工作中的共同信条和行为准则。只有所有子系统都接受和践行这些价值观，才能形成一种强大的文化引力，将各个子系统紧密联结在一起，形成一个有效的协同系统。所有子系统在育人或者自身运行过程中，都应该采用大国工匠精神所倡导的工作方式，即专业化、精细化、创新化和责任化的工作方式，这样的工作方式能够确保所有子系统在协同工作中的高效性和卓越性，从而有效推动大国工匠精神的培育。

四、协同理论的作用

协同理论的泛用性与普遍性体现在其研究对象——系统，是一个相对抽象的概念。这使得协同理论能够广泛适用于各种领域，其中就包括大国工匠精神的培育。在大国工匠精神培育中，协同理论主要应用于多元主体协同教育系统中，多元主体协同教育的实现主要体现在学校与企业的合作上。

在大国工匠精神的培育中，学校与企业的合作是关键的人才培养方式。这种合作不仅是学校与企业在某个领域的简单合作，而且是双方建立一种相对稳定的、以培养具有大国工匠精神的人才为目标的合作关系。学校与企业共同为学生创造良好的实践技能学习与训练环境，通过建立学校与企业的合作办学体系，构建学校与企业共同的人才教育基地，从而提升工匠精神培养的水平，并为学生提供充足的实践机会，以帮助学生将理论应用于实践，从而深化对大国工匠精神的理解和掌握。

在大国工匠精神的培育中，学校与企业需要深度融合，且这种合作应贯穿于整个人才培养过程。在这一过程中，学校与企业构成一个完整的、旨在培养大国工匠精神的人才培养系统。在这个系统中，学校与企业充分发挥自身的资源优势，以确保学生在系统学习大国工匠精神相关理论的同时，获得足够的实践机会。而这个多元主体协同教育系统的有效运作，就需要以协同理论为指导。

（一）利益协同

利益协同是协同理论在实际应用中的集中体现之一，是协同理论中的一个重要概念，它主要是指在多元主体共同参与的活动中，通过协商、协作等方式，达到各自利益与共同利益相统一的过程。以校企合作为例，学校与企业的利益诉求不尽相同，但是为了实现共同的人才培养目标，双方需要找到相互契合的利益点，从而实现利益协同。

企业的利益追求主要是经济效益，这是企业存在的基础和动力。企业需要吸引优秀的人才来提升企业的竞争力，增强企业的创新能力，从而实现经济效益的提升。为了吸引优秀人才，企业需要与学校进行深度合作，通过设立实习基地、联合开展科研项目、设置奖学金等方式，与学校进行紧密的交流和合作，从而提高自身的知名度和吸引力。学校的利益追求则相对复杂：一方面，学校需要为学生提供高质量的教育资源，以便培养出符合社会需求的优秀人才；另一方面，学校也需要关注自身的发展，包括提升学科水平、提高教学质量、增加学校声誉等。为了实现这些目标，学校需要与企业进行合作，以获得实践教学资源、产学研项目等，从而丰富教学内容，提高教学效果。

虽然学校与企业的利益诉求不尽相同，但是双方都需要培养高素质人才，这就是他们的共同利益，也是利益协同的基础。企业需要优秀的人才来提升自身的竞争力，而学校需要提供高质量的人才培养，以满足社会的需求，提高自身的声誉。在这个过程中，学校与企业可以通过合作实现各自的利益，也实现了共同利益。

当然，利益协同并非一蹴而就，它需要双方通过深度交流、诚信合作找到最大的共同利益，实现最大限度的协同。这需要双方都能站在对方的角度考虑问题，真诚对待合作，而不是只考虑自身的利益。在这个过程中，双方都需要投入时间、精力、资金等资源，这些投入会在未来获得相应的回报。学校和企业的利益协同可以表现在多个方面。比如，学校可以通过企业实习让学生在实际工作环境中接触和学习到最新的技术和理念，提高学生的就业竞争力，同时可以提升学校的教育质量。企业则可以通过接纳实习生，接触到最新的学术理论和研究成果，提高企业的创新能力。这种方式，既满足了学校的教学需要，也满足了企业的人才需求，实现了真正的利益协同。

利益协同是一种多方共赢的合作方式，它需要各方以开放的心态共享资源、共享利益，共同推动人才培养目标实现。在这个过程中，各方都可以从中得到发展，实现自我价值的提升。实现利益协同，可以更好地推动校企合作的深化，实现人才培养的目标，为社会提供更多、更好的人才。

（二）战略协同

协同理论对于校企合作育人系统发展战略的制定具有重要的指导作用，战略代表着系统中各个子系统的发展方向，只有当各个子系统的发展方向相对统一时，系统才能不断获得发展。在应用型人才培养中，战略协同程度的高低与政府、学校、企业之间的利益取舍有着很大关系。比如，政府考虑的主要是促进社会整体发展，学校考虑的主要是人才培养与办学能力的提升，而企业主要追求的是提升经济效益与市场竞争力。由此可见，不同利益出发点影响着各主体发展战略的制定，因此，我们强调利益协同的重要性。

利益协同是校企合作的基础，而校企合作的全面展开则需要政府、学校和企业之间充分协调，共同制定校企合作育人系统的总体发展战略，各主体的具体发展战略需要以总体发展战略为出发点，不能背离总体发展战略的基本路线。

（三）资源协同

资源协同就是将系统中各个子系统的资源进行整合并加以充分利用的过程，这是系统发挥协同效应的关键之所在。

在校企协同育人中，资源协同指的是学校与企业充分发挥自身的教育资源优势，为学生提供良好的理论学习和实践训练环境，深入推进产教融合，帮助学生更好地进行工学结合，实现综合素质的提升。

学校拥有的资源主要包括教学资料、教师资源、教育管理资源、教育信息资源以及各种教育基础设施资源，等等。这些教育资源是学生进行系统的专业知识学习所必需的资源，可以帮助学生夯实专业基础。企业拥有的资源主要包括资深从业人员、实习场所、资金等。学校与企业之间的资源具有很强的互补性，基于协同理论协同培养学生工匠精神，既需要保证学生具备扎实的专业理论知识基础，还需要学生具备较强的实践能力，同时也需要学校与企业发挥自身的资源优势，联合进行人才培养。

（四）文化协同

在校企合作育人系统中，不同主体之间的文化存在一定的差异，这就要求各主体之间通过互动、对接、协调、整合后形成一种和谐的文化体系，而文化的和谐是系统持续发展的重要保障。

企业文化指的是企业在长期的生产经营活动中形成的，受到企业成员普遍认可的价值观念、思维模式和行为规范。校园文化是在长期教学实践中形成的，受到学校师生普遍认可的价值观念、思想意识、教学理念以及校风学风等文化因素。校企文化协同需要学校与企业以育人为核心，充分汲取对方文化中的有利因素，整合形成科学、合理的校企合作育人文化。

第四章　大学生大国工匠精神培育的实践路径

第一节　更新人才培养理念

一、社会主义核心价值观

社会主义核心价值观是社会主义核心价值体系的内核，体现了社会主义核心价值体系的根本性质和基本特征，反映了社会主义核心价值体系的丰富内涵和实践要求，是社会主义核心价值体系的高度凝练和集中表达。社会主义核心价值观的内容包括富强、民主、文明、和谐、自由、平等、公正、法治、爱国、敬业、诚实、友善 12 个基本价值观念。这些核心价值观在培养大国工匠精神方面有着重要的指导作用，它为大国工匠精神的培育提供了价值取向、社会环境和个人品质的要求，是培育大国工匠精神的精神灵魂。

首先，社会主义核心价值观中的"富强""民主""文明""和谐"等国家层面的价值观为大国工匠精神的培育提供了基本的价值取向。大国工匠精神是以服务国家富强、民主、文明、和谐为目标的。这种服务意识使工匠有追求卓越的动力和决心，也为工匠提供了职业行为的基本准则。工匠应该在追求技术精湛的同时，尊重民主，遵守法律，维护社会和谐，这都是社会主义核心价值观在大国工匠精神培育中的具体体现。

其次，社会主义核心价值观中的"自由""平等""公正""法治"等社会层面的价值观为大国工匠精神的培育提供了社会环境。一个自由、平等、公正、法治的社会是培养大国工匠精神的良好土壤。在这样的社会环境中，每一个人都有可能成为工匠，而每一个工匠都可以通过努力获得成功。社会的自由环境为工匠提供了技术创新的空间，平等的环境使工匠有机会展示自己的才华，公正的环境保证了工匠的努力不会被忽视，法治的环境为工匠提供了公平竞争的场所。

最后，社会主义核心价值观中的"爱国""敬业""诚实""友善"等个人层面的价值观为大国工匠精神的培育提供了个人品质要求。大国工匠精神不仅需要工匠具备高超的技艺，更需要他们有高尚的品质。爱国让工匠们为国家的发展倾注心血，敬业使他们在工作中追求卓越，诚实让他们在工作中坚持真实，友善让他们在工作中关爱他人，这都是大国工匠精神传承的重要内容，与大国工匠精神的价值追求非常契合。因此，在大学生大国工匠精神培育的过程中，要始终坚持社会主义核心价值观的指导。

二、全面发展的教育理念

（一）全面发展教育理念的内涵

全面发展教育理念指的是通过教育实践促进学生身心协调、全面、自由地发展。全面发展首先是健康的发展，这里的健康指的是身心健康、协调、统一的发展。其次，全面发展教育理念还重视学生综合素质的提升，单纯的理论知识与实践技能教学不是教育的全部，工匠精神的培养也应重视对学生思维、个性、情感、认知的培养与提升。

大国工匠精神的培养，正是以社会的实际需求为出发点，以工匠精神的传承与创新为特点，以提升学生的综合素质为目标，以促进学生全面发展为价值追求的新时代教育模式。大国工匠精神包括不同类型的素质，而全面发展理念既符合大国工匠精神培育的内在要求，也是高校教学的终极目标，因此，大国工匠精神的培养必须以全面发展理论为指导，这就需要我们首先对全面发展理论的内涵有一个整体的把握。全面发展理论的内涵主要由以下几点构成。

1. 注重学生身心的健康、协调发展

在培养大国工匠精神的过程中，我们应该重视学生的身心健康。健康的身体和心理状态是学生在掌握专业技能和学习理论知识过程中的前提。如果没有健康的身心，学生则很难全面发展，而这正是大国工匠精神的培养所强调的。

大国工匠精神的培养并不仅仅限于学生的技术技能或理论知识，它还涉及对学生身心健康的全面关怀。实际上，健康的身体是对精神力量的基本保障，而健康的心理状态则能够激发学生的创新能力和批判性思维，这两者都是大国工匠精神的核心要素。健康的身体意味着学生有足够的能力去承受长时间的学习和实践、去探索新的技术、去解决复杂的问题。工匠精神不仅仅是手艺的传承，更是对工作的专注和坚守。只有身体健康的人，才能在面对工作中的挑战和压力时保持恒心和耐力，才能发扬工匠精神的坚韧不拔。同时，健康的心理状态是激发和保持学生创新精神的关键。工匠精神是一种对完美的追求、对创新的渴望、对专业技艺的尊重和热爱。这些都需要健康的心理状态作为支持。如果学生能够保持乐观、积极的心态，他们就更可能积极面对挑战，勇于尝试新的事物，有勇气去创新、去超越。

因此，注重学生的身心健康，是培养大国工匠精神的重要一环。只有在健康身体和心理状态的支持下，学生才能真正地理解并发扬大国工匠精神，真正实现自我价值和社会价值。

2. 重视学生综合素质的发展

在大国工匠精神的培养中，我们应该重视学生综合素质的发展。学生不仅需要具备高级的技术技能和专业知识，还需要具备良好的思维能力、沟通能力、团队合作能力和创新能力。这些综合素质都是社会发展的重要需求，是大国工匠精神的核心要素。

综合素质的发展并不仅仅意味着增加技术技能和知识的广度，更重要的是提高其深度，即从理论到实践的转变，以及在实践中不断优化、创新的能力。大国工匠精神强调的就是这种理论与实践相结合的执着和精进，它要求我们不仅要精通专业技术，而且还需要拥有良好的思维能力，以便在面对复杂问题时能够深入分析、独立思考，找到最佳解决方案。沟通能力和团队合

作能力在培养大国工匠精神的过程中同样重要。一个优秀的工匠不仅需要个人的技术精良，更需要能够在团队中分享自己的知识和经验，与他人合作共同完成复杂的任务。而且他们需要拥有良好的沟通技巧，以便能够清楚、有效地表达自己的想法，同时能理解和接受他人的观点。团队合作能力让工匠们在团队中发挥更大的作用，实现共同的目标。

创新能力是大国工匠精神的重要组成部分。工匠精神不仅仅是对传统技艺的传承，更是对未来的创新。在现代社会，科技发展迅猛，新的问题和挑战不断出现，这就要求工匠们能够灵活适应这些变化，利用自己的知识和技能，勇于创新，开创出新的解决方案。因此，注重学生综合素质的发展，是培养大国工匠精神的重要策略。这就需要我们在教育中不仅传授技术技能和专业知识，更重要的是要引导学生树立正确的价值观，培养他们的思维能力、沟通能力、团队合作能力和创新能力，这样他们才能在未来的生活和工作中充分发扬大国工匠精神，为社会发展做出贡献。

3. 全面发展是有重点的发展

大国工匠精神的培养旨在促进学生的全面发展，但并不意味着要求学生在所有方面都达到顶尖水平。全面发展强调的是多种素质的协调提升，而不是简单地求全求大。我们应该在注重学生身心健康的基础上，对他们的技术技能和专业知识进行有针对性的培养，让他们在自己的领域内成为专业的工匠，这就是大国工匠精神的本质。

在工匠精神的培养中，有重点的发展是一个非常重要的指导思想。这意味着我们应该在教育过程中明确重点，既要保证学生全面发展，也要保证他们在特定领域中深度发展。例如，在培养工匠精神时，我们不仅要注重提高学生的专业技术水平，也要注重培养他们的创新能力、解决问题能力以及协作精神。这样，学生不仅能够掌握一技之长，还能具备解决现实问题的能力和适应社会变化的能力。

同时，大国工匠精神强调的是对技艺的专注和追求，这需要学生有强烈的专业兴趣和持久的毅力。因此，我们在教育过程中也应该尊重学生的兴趣，让他们在自己感兴趣的领域中深入发展，实现自身的价值。此外，大国工匠精神也强调人格的完整和个性的发展。在教育过程中，我们应尊重学生的个性，允许他们在专业技艺的追求过程中发挥自己的特长和风格，而不是机械地模仿和复制。

（二）马克思主义的个人发展理论

马克思主义关于个体全面发展的思想是相对于人的片面发展而提出来的，马克思从社会实践出发，在批判资本主义社会"畸形发展"的片面性、工具性和有限性的基础上，阐明了人发展的具体内涵，即人的能力、社会关系和人个性的全面、自由且充分的发展。马克思主义理论重视人作为实践主体的重要性，因此，关于人的发展的论述是马克思主义理论的重要组成部分，是马克思主义理论的核心命题之一。马克思主义对于我国各领域的发展具有重要的指导作用，在教育领域同样也是如此。马克思主义关于人全面发展的论述主要包括以下几点。

1. 人的平等发展

伴随着社会实践的发展，人类社会开始出现了分工，分工将人们的发展限制在了一定的范围之内，或是行业，或是区域，在一定程度上造成了人发展的片面性，而资本主义社会的出现更是将社会分工推向了一个新的高度，人们的社会分工日益复杂，人的发展开始脱离原本自由的状态，变得畸形。若想实现人的全面发展，就必须促进个体的解放，使人人享有平等的发展权。

中国是人民当家做主的社会主义国家，因此在人的发展上是平等的，但在教育之中，虽然学生们在受教育权利上是平等的，但由于教育理念与教育模式的限制，部分学生的个性化发展受到一定程度的限制，这就需要高校不断丰富自身的软、硬件教育资源，同时更新教学理念，拓展教学模式，给予学生更多的获取知识的路径，从而保证不同个性特点的学生获得平等的发展机会。

2. 人的自由发展

人的全面发展包括人的综合素质的提升，这种综合素质的提升既包括知识、情感、意志的均衡发展，也包括人的道德、智力、体力、个性的共同提高，还包括人的政治权利、经济权利和社会权利的有效保证。自由发展是人的全面发展的重要内容，没有自由就难以保证不同个体均能实现自身的全面发展。自由发展，即尊重人的个性和创造性的发展，表现为人潜能的极大发挥，只有每一个个体某一种潜能的极大发挥才能称为真正的"全面发展"。

人的自由发展体现在高校教育中就是重视学生的主体地位，转变以往以教师为绝对核心的教学模式，提升学生的自主学习能力，教师主要发挥引导与答疑解惑的作用，帮助学生自主探求知识。

3. 人的充分发展

人的全面发展不仅仅包括人的自由、全面的发展，还包括人的充分发展，充分发展体现的是个体发展的程度，这种充分发展是与社会历史的发展阶段相适应的，同时由于社会实践与历史条件的制约，人对于客观世界的认识，以及人自身开展实践的丰富程度与能力是与社会历史相对应的，人的发展也呈现阶段性的特征。伴随着实践的发展，人们认识与改造世界的能力不断增强，物质基础与社会关系都处于不断发展之中，人们自身的发展水平也由此而不断地获得提升。

人的充分发展体现在教育上指的是学生能够通过接受教育实现自身知识与技能结构的不断完善，实现自身身心健康的良好、协调发展，充分发展自己的个性与特长，从而实现自身综合素质的不断提升。实现学生的充分发展，需要学校为学生提供足够的软、硬件资源支撑，拓展学生的学习方向与获取知识的途径，提升教师的专业化发展水平，保证能够充分激发学生的潜力，帮助学生在自己擅长的领域取得长足的发展。

马克思主义理论对于人的发展十分重视，认为人是实践的主体，是世界一切精神财富与物质财富的创造者，国家的发展与国民自身的发展是息息相关的。因此，教育作为培养人才的最重要途径，对于个体的知识结构、技能结构以及思想道德素质具有重要的塑造作用，直接影响着一个国家的未来，对于高等教育而言更是如此。因此，国家社会的进步需要重视人类个体的全面、充分的发展。①

（三）全面发展教育理念对于大国工匠精神培育的指导作用

全面发展理念是素质教育的重要理念支撑，也是新时代大国工匠精神培育的重要指导理念，全面发展教育理念对于大国工匠精神的培育作用主要体现在以下几点。具体内容如图 4-1 所示。

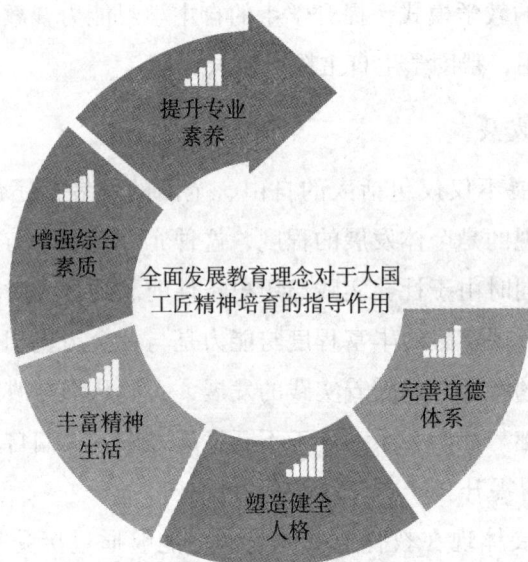

图 4-1　全面发展教育理念对于大国工匠精神培育的指导作用

1. 提升学生的专业素养

全面发展理念不是面面俱到的平均发展，而是突出重点的综合发展。在大国工匠精神的培育中贯彻全面发展教育理念，必须以学生专业素养的培育为出发点，夯实学生的理论知识与实践能力基础。专业的工匠精神具有非常强的专业针对性与能力针对性，因此，学生技能素养与实践能力的培养与提升是工匠精神培养的重中之重。

在培育大国工匠精神的过程中，专业素养的培育绝对不容忽视。这包括

---

① 杨兆山，张海波.教育学——培养人的科学 [M].2 版.长春：东北师范大学出版社，2017:155–165.

对专业理论知识的掌握，以及将这些理论知识运用到实践中的能力。只有具备深厚的专业素养，才能够在未来的职业生涯中凭借优秀的专业能力和专业精神，成为真正的大国工匠。在教学中要对专业理论知识进行深入的教学。教师应精选相关的专业基础理论和前沿知识，通过生动丰富的教学手段，使学生理解并掌握这些知识。教师还应引导学生进行独立思考，激发他们的创新思维，使他们能够理解并掌握专业知识的内在联系和应用价值。教育者还要注重培养学生的实践能力，通过实验、实习、开展项目等形式，使学生在实践中应用所学的理论知识，解决实际问题。在这个过程中，学生不仅能够提升自己的专业技能，还能培养出扎实的实践经验和敬业的工匠精神。与此同时，还需要注重学生职业素养的培育，包括敬业精神、团队协作能力、职业道德等。这些职业素养将会影响他们的职业选择和职业发展，而且在他们成为大国工匠的道路上起到关键作用。

2. 增强学生综合素质

现代社会的发展对于人才综合素质的要求越来越高。在大国工匠精神的培育中，我们需要培养出具备较高综合素质的技术人才，帮助学生实现全面发展，而全面发展的核心就是综合素质的培养与提升。

3. 丰富学生精神生活

在大国工匠精神的培育中贯彻全面发展理念，需要重视大学生精神世界的丰富性，满足大学生的精神需求同时，在教学实践中，教师自身也要秉持全面发展的理念，运用多样化的教学方法拓展教学内容，推动大学生对美好精神生活的追求，提升大学生的审美素养，完善大学生的心理健康水平，促进其全面发展。

注重引导和满足大学生的精神需求，丰富他们的精神生活。这不仅仅是一种抽象的教育理念，更应落实到具体的教学实践中。教育者自身要充分理解和认同全面发展理念。他们需要具备跨学科的知识结构和开阔的视野，这样才能引领学生开展多元化的学习，拓展他们的认知边界。同时，教师也应具备较高的教学技巧，能够灵活运用各种教学方法，激发学生的学习兴趣，促进他们主动学习。在教学过程中，教师还应通过教学活动引导学生追求美好的精神生活，通过引入文学、艺术、哲学等人文学科的内容，使学生在学习过程中不断提升审美素养，丰富和深化对美的认知和追求。同时，教师还可以组织各类文化活动，如读书会、音乐会、艺术展览等，使学生在实践中得到锻炼，提升自己的艺术修养。

4. 塑造学生健全人格

全面发展理念不仅注重学生在知识与技能领域专业素养的提升，同时注重学生身心健康的发展。在大国工匠精神的培育中，我们在帮助学生构建和完善素质结构的同时，还要帮助学生实现身心的协同发展，通过美育、德育的渗透以及课程思政等方式，帮助学生构建正确的世界观、人生观与价值观。比如，美育可以通过在教学中引入艺术和文化元素，使学生在学习过程中充分感受美的存在，提升他们的审美鉴赏能力，同时鼓励他们通过艺术创作去表达自我，培养他们的创新精神和审美情趣。德育则是通过引导学生认识并理解社会规范和道德标准，让他们明白为什么要尊重他人、尊重社会、尊重自然，使他们明白个人行为的后果，懂得承担责任。德育的目标是使学生内化这些道德规范，形成自己的道德观，使他们在日常生活中能遵守社会规则，对他人和社会负责。课程思政则是将思想政治教育融入课程教学之中，让学生在学习专业知识的同时，学习和理解国家的基本政策和社会主义核心价值观，培养爱国情怀，使他们明白国家的发展离不开每一个公民的贡献，从而培养他们为社会公共利益服务的意识。

5. 完善学生道德体系

全面发展理念在大国工匠精神培育中有着重要作用。这个理念注重对工匠德、智、体、美、劳协同发展的培养，有助于工匠道德体系的完善。全面发展理念强调智育、美育与德育之间的密切联系，从而促进工匠整体素质的发展。

大国工匠精神不仅需要提升专业素养，而且需要构建正确的道德观。工匠的道德体系完善需要德育、智育与美育共同发挥作用。良好道德体系的建立不能仅靠道德相关的理论说教，还需要通过智育丰富工匠的知识结构，提升工匠的认知水平和思维能力，同时通过美育提升工匠整体的审美素质，充分感受美的洗礼，构建正确的审美价值观。

具体到大国工匠精神的培育中，全面发展理念与实现工匠全面发展的目标相一致。在培育大国工匠精神的过程中，我们需要做到以下几点。

第一，以全面提升工匠的综合素质为目标，因为这个目标在各个环节中都能发挥重要的引领作用。如果想在培育大国工匠精神的过程中真正实现全面发展目标，就必须从目标层面体现促进工匠全面发展的内容。

第二，重视采取多元化的教学方式，拓展教学途径、优化教学模式，将德育的内容渗透进日常教学内容中。渗透的过程要做到"顺其自然"，不突兀，这就需要教师能够充分发挥主观能动性，根据不同课程教学方向的具体内容及其所蕴含的德育资源探寻合理的渗透点，将学科教学内容与德育的内容进行生硬的结合是不可取的。

第三，评价体系对于教学活动具有导向作用，应在教育评价指标体系中重视对于工匠道德的评价，为教学活动的开展提供正确的导向。

三、混合学习理论

（一）混合学习理论的内涵

混合学习理论诞生于 20 世纪末，是一种倡导将新型教学方式应用于课堂之中的教学理论。虽然国内外学者对于混合学习的定义有所不同，但对于混合学习的基本内涵，学者之间的观点总体一致，具体来说，混合教学理论就是传统课堂学习与新媒体、信息技术、网络技术等现代技术之间的充分结合，是网络学习与传统课堂学习的相互结合和互补。

混合学习理论具有鲜明的时代性，是伴随着时代发展和一系列新教学技术的产生而诞生的教学理念，当今时代的混合教育理论，强调线上教学与线下教学相结合的教学模式。何克抗教授于 2003 年正式将混合学习的概念引入我国，他认为混合学习就是把传统学习和 E-Learning 进行优势结合，既要充分体现学生主体的积极性、主动性与创造性，又要发挥教师在教学过程中引导、启发、监控的主导作用。

混合学习理念作为一种教学理念，具有与时俱进的特点，其内涵是伴随着技术的进步而不断丰富，本质是在人才培养过程中重视各教学要素的融合。混合学习理论的侧重点在于教学方式的改革上，改善教学结构、创新教学方式，并以此为依据构建新型的课程体系，是混合学习理论的主要任务。

在大国工匠精神的培育中，无论在教学内容上还是在教学方式上，都与传统的人才培养具有非常大的区别。在教学内容上，大国工匠精神的培育注重理论与实践的结合。这不仅意味着教育者需要提供更多的实践机会，而且意味着在理论教学中要注入实践元素，使学生能够理解和应用所学的理论知识。这一方法强调学生的批判性思考和问题解决能力，而不仅仅是技能的掌握。同时，产学研结合的理念也引导了课程内容的持续更新，以匹配行业和市场的快速变化。在教学方式上，大国工匠精神的培育强调以学生为中心和以问题为导向的学习。学生不再是被动的知识接受者，而是积极参与到学习过程中，对问题进行深入研究，寻求解决方案。这种方式鼓励学生自我发现、自我学习，使他们更能适应不断变化的工作环境。

大国工匠精神的培育还将企业和行业作为教育的重要组成部分。通过实习、实训、工作坊等方式，学生可以直接接触到实际工作环境，理解行业的需求和标准，从而更好地进行职业规划和技能提升。在这种教育内容与教育方式的革新中，强调基于技术发展推动教学方式改变的混合学习理论能发挥良好的指导作用。

（二）混合学习理论的应用

混合学习理论的侧重点在于教学方式的改革上，改善教学结构、创新教学方式，是混合学习理论的主要任务。更新教育理念，推进教育创新发展，必须注重在教学实践层面的改革与创新，混合学习理论着眼于具体的教学环节，对于大国工匠精神培育的创新发展具有重要的指导意义。以混合学习理论为指导促进大国工匠精神培育的创新发展，需要从以下几个方面入手。

1. 创新教学方式

混合学习理论致力于对教学方法的革新，着重于优化教学结构和创新教学手段。在大国工匠精神培育模式下，为了实现创新进步，不能仅仅依赖传统的教学模式，而需要探索适应的教学策略，以在现代化的教学环境中培养学生的核心素养。

混合学习理论通过整合多种教学方法，拓展学生知识获取的渠道，从而支持跨学科学习。它强调网络教学技术的关键性。在课堂教学环节，教师可以充分利用和开发现代化的教学技术，利用网络的优势，提供丰富的多媒体材料，同时通过网络学习不断拓宽学生的知识视野，使得教学过程更为直观、知识的获取更为便捷，在保证学生学习效果的同时，提升学生的学习效率。

2. 明确混合学习的类型

在大国工匠精神培育中，若想充分发挥混合学习理论的作用，就必须明确混合学习的类型，混合学习主要分为三种类型，分别是基本型混合、增强型混合以及转变型混合。

基本型混合指的是通过不同教学形式为学习者的学习活动增加额外的灵活性，拓展学习的路径，为学习者创造更多的学习机会，这种方式的特点是易于操作和实现。基本型混合是最基本的混合学习类型，具体到大国工匠精神培育中，就是通过融合不同的教学形式，提升学生学习的灵活性，拓展学习的路径，为学生创造更多的学习机会。

增强型混合指的是通过创新教学方法，改善教学活动，比如，将新的教学技术运用在教学之中，通过网络形式提供某些额外的资源和补充材料，为课堂教学提供良好的辅助。这种学习类型注重传统教学与网络教学的有机融合。新技术的运用是提升教学质量最直接的方法，在大国工匠精神培育中，新技术的运用可以提高教学质量，激发学生学习兴趣，并且有助于培养学生的创新精神和批判性思维。比如，在大国工匠精神培育中，利用互联网和移动设备进行在线教学，可以实现教学资源的共享，方便学生随时随地学习。同时，教师可以利用社交媒体、在线讨论等方式激发学生参与课程讨论、增加互动性。有条件的学校还可以将人工智能引入教学实践中来，人工智能技术可以用于个性化教学，分析学生的学习需求和兴趣，为每个学生提供定制化的学习资源。此外，人工智能辅助教学工具还可以帮助教师进行学生评估、作业批改等工作，从而提高教学效率。

转变型混合则会使教学法产生明显的转变，学生的学习方式也会产生明显的变化。学生不再被动地接受知识，而是通过动态交互成为知识的建构者，这种混合学习方式对于技术的依赖较强，缺少技术支持，将很难实现预期的人才培养目标。比如，将课堂实时反馈系统引入应用型人才培养中来，教师通过使用课堂实时反馈系统，可以在课堂上实时了解学生的学习状况，及时调整教学策略，提高教学质量。或者利用在线游戏和教育软件让学生在轻松、有趣的环境中学习知识，提高学生的积极性和参与度。

3. 发挥教师的引导和监督作用

教师是课堂教学的主导者，是大国工匠精神培育的重要组成要素。混合学习理论重视传统教学方式与网络教学的融合，无论是传统教学方式还是以网络教学为代表的新型教学方式，若想科学有序地开展，实现人才培养的目标，则离不开教师的引导与监督。因此，在混合学习理论的指导下，大国工匠精神培育的开展需要重视教师作用的发挥。

在重视素质教育和强调教育改革的今天，如何创新教学模式，使学生真正成为教学活动的主体，是现代教育追求的目标。明确学生在教学活动中的主体地位，并不代表着忽视教师在教学过程中的主导作用，因为学生的学习能力和思维能力是处在不断的成长与提升过程中的，所以，在面对新的知识或疑难问题时，教师需要充分发挥"传道、授业、解惑"的作用，通过引导和答疑解惑，帮助学生更好地学习和掌握新的知识。

教师的另一重要职能就是监督学生的学习过程，及时发现学生学习过程中存在的问题，比如，不良的学习习惯、学习心态的变化、情绪的变化以及对于不同知识学习能力的差异等。教师应该及时了解并帮助学生解决学习过程中的困难，使学生能够以更好的状态开展学习活动。

第二节　完善课程体系建设

一、课程体系建设的原则

（一）目标导向原则

课程体系的设计和实施应以培养具有新时代工匠精神的高素质创新型人才为目标，明确课程目标，制定实施方案，并做好课程效果的评估和反馈。目标导向原则是新时代工匠精神课程体系建设中的一个基本原则，强调课程体系的设计和实施应以培养具有新时代工匠精神的高素质创新型人才为最终目标。

目标导向原则强调教育的目的性和前瞻性。这个原则认为，教育活动不应是无目的的、盲目的，而应该是有目标的、有方向的。通过设定清晰、明确的教育目标，可以为教育活动提供方向，使教育活动有目的、有序地进行，增强教育活动的效率和效果。同时，目标导向原则还强调教育的前瞻性，即教育活动应预见未来的需求和挑战，以期更好地满足社会的发展需要。目标导向原则也强调教育的系统性和整体性。在这个原则的指导下，教育活动不再是孤立的、零散的，而是构成了一个有机的、系统的整体。通过设定教育目标，可以将各个教育活动有机联系起来，形成一个统一的、协调的教育系统，使教育活动的效果得到最大化。目标导向原则还强调教育的实效性和评价性。通过设定教育目标，可以为评价教育活动的效果提供依据。通过对比教育活动的实际效果和预设的教育目标，可以判断教育活动的效果是否达标，进而为改进教育活动提供参考。目标导向原则还注重教育的动态性和开放性。在这个原则的指导下，教育活动应根据社会的发展需要，不断调整和更新教育目标，保持教育活动的动态性和开放性，以适应社会的变化和发展。

（二）综合性原则

综合性原则是大学生新时代工匠精神课程体系建设的另一项基本原则。这一原则的主要内涵是课程体系应包含专业知识、实践技能和人文素养等多个方面，并注重理论与实践、知识与技能、个人发展与社会需求的有机结合。这一原则对于培养具备新时代工匠精神的高素质创新型人才具有十分重要的意义。

综合性原则确立了大学生新时代工匠精神课程体系内容的丰富性和多元性。这一原则明确课程体系应涵盖理论知识、实践技能和人文素养等多个层面，以使学生在多方面获得全面的、深入的学习和研究。这对于培养大学生在专业知识和技能上具有深厚的功底，在人文素养上具有高度的修养，培养出全面发展的高素质人才具有至关重要的作用。综合性原则强调理论与实践、知识与技能、个人发展与社会需求的有机结合，旨在打破学科之间的壁垒，实现跨学科的融合和交叉。这一原则不仅要求学生掌握和应用理论知识，而且还要求学生通过实践活动把理论知识转化为实践技能。同时，也强调个人发展与社会需求的结合，要求学生在追求个人发展的同时，关注社会的发展需要，使个人发展与社会发展达到和谐统一。综合性原则提倡的多元化和开放性的理念，为课程体系的持续更新提供了可能。综合性原则还鼓励多元化的学习体验，强调将理论学习与实践操作、跨学科的学术研究等不同教育活动结合起来。这种方法可以提供更全面的学习环境，有助于培养学生跨学科思维的能力，使他们能够在多种背景和环境中应用所学知识，这在当前复杂多变的社会环境中至关重要。综合性原则鼓励引入新的教育理念、教育方法和教育技术，使课程体系保持与时俱进，适应社会发展的需要。

综合性原则为大学生新时代工匠精神课程体系建设提供了重要指导。它强调课程体系内容的丰富性和多元性，以及理论与实践、知识与技能、个人发展与社会需求的有机结合，为培养具备新时代工匠精神的高素质创新型人才奠定了坚实的基础。现代社会的发展对人才的需求越来越趋向综合，既要求人才具备深厚的专业知识与专业能力，同时还要有较强的跨学科整合和创新能力。通过在课程体系建设中贯彻综合性原则，学生可以从不同角度和层面接触和理解问题，这样有助于培养创新意识和能力，更好地适应社会发展的需求。综合性原则鼓励学生从多个角度去理解和处理问题，这有助于他们发展多元化的视角和思维方式，培养他们的批判性思考和解决问题的能力，从而促进全面发展。

（三）实践性原则

实践性原则是大学生新时代工匠精神课程体系建设的重要原则之一，核心是通过实践教学来培养学生的实践技能和工匠精神，使学生能够将理论知识转化为实践技能，体验和理解工匠精神。在这个原则的指导下，大学生在项目实践、实习实训、创新创业等活动中，将理论与实践紧密结合，不断提高实践能力和创新能力。在全球化经济体系下，社会对实用性人才的需求与日俱增。实用型人才不仅要拥有深厚的理论知识，更需要在现实世界中展现其所学知识的应用能力和问题解决能力。因此，高等教育，特别是应用型人才培养的核心目标，已从单纯的知识传授转变为综合素质的培养，非常重视学生实践能力和具体技能的提升。

理论教学和实践教学之间是相互依赖和相互促进的。理论教学能够为学生提供扎实的知识基础，帮助学生理解和掌握各种基础原理和理论知识。而实践教学则将理论知识应用于实际情境中，使学生有机会将理论知识与实践经验相结合，深化对理论知识的理解和运用。

实践性原则的内涵十分丰富。首先，实践性原则强调教育的实践性质，认为教育和学习不仅仅是传授和获取知识，更重要的是通过实践活动去发现问题、解决问题、锻炼能力，从而达到真正的学习和成长。因此，实践性原则提倡以实践为主线，将理论学习和实践活动有机地结合起来，使学生在实践中学习，在学习中实践。其次，实践性原则体现了以人为本的教育理念，强调教育应注重培养学生的实践能力和创新能力，以满足社会发展和个人成长的需要。这就要求课程体系以实践教学为主，鼓励学生参与到各种实践活动中，通过实际操作，将理论知识转化为实践技能，从而形成自我认识和能力提升。

实践性原则的作用主要表现在以下几个方面：首先，实践性原则有助于提高教育教学的效果。实践性原则强调实践教学，通过实际操作，学生能更好地理解理论知识，更好地掌握实践技能，从而提高教学效果。其次，实践性原则有助于培养学生的创新能力和实践能力。在实践活动中，学生能够遇到实际问题，锻炼解决问题的能力，从而提高创新能力和实践能力。此外，实践性原则还有助于激发学生的学习兴趣和学习动力。在实践活动中，学生可以感受到知识的实用性和价值性，从而激发其学习兴趣和学习动力。

（四）持续性原则

持续性原则是大学生新时代工匠精神培育课程体系建设的重要原则之一。该原则强调培养学生持续学习和持续进步的习惯，使他们能够在大学期间和毕业后不断践行新时代工匠精神。这一原则在课程体系建设中具有重要的内涵和作用。

首先，持续性原则意味着课程体系应具备长期性和延续性。大学教育的目标不仅仅是传授知识，更重要的是培养学生的学习能力和持续发展的动力。通过构建长期性的课程体系，学生可以获得系统的、有序的学习经历，并形成持续学习的习惯。这种习惯将伴随学生一生，使其能够在不同阶段持续更新知识、提升能力，并不断适应社会的发展变化。其次，持续性原则要求课程体系关注学生的持续进步。大学教育的目标不仅仅是让学生获得一定的知识和技能，更重要的是培养他们的综合素养。持续性原则鼓励学生在大学期间不断追求进步、不断挑战自我，实现个人潜能的持续释放。通过培养持续进步的习惯，学生可以在大学期间不断超越自我，并在毕业后继续保持进取的心态，实现个人和职业生涯的长期发展。

持续性原则的作用还体现在以下几个方面。

首先，持续性原则促进学生的终身学习。大学期间是学生获取知识和培养能力的重要阶段，但学习并不应该在毕业时终止。持续性原则强调培养学生终身学习的意识和习惯，使他们能够持续自主地学习和成长。这有助于学生在毕业后继续不断更新知识、适应职业发展的需要，并持续提升自己的竞争力。

其次，持续性原则推动学生的自我发展。大学教育旨在培养学生的全面发展，包括专业知识、实践技能和人文素养等方面。持续性原则鼓励学生在学习过程中不断寻找和发展自己的特长和兴趣，不断拓展自己的学科边界，实现个人潜能的持续发展。这有助于学生在毕业后能够充分发挥自己的优势，追求个人价值和事业成就。

最后，在大国工匠精神培育中贯彻持续性原则，有助于促进社会发展。持续性原则要求课程体系与时俱进，与社会发展和行业需求保持一致。通过不断调整和更新课程内容和教学方法，课程体系能够更好地适应社会的发展变化，培养出适应未来需求的高素质人才。

（五）人本性原则

人本性原则是大学生新时代工匠精神培育课程体系建设中的重要原则之一。它强调在课程体系建设过程中应以人为本，尊重学生的主体地位，鼓励学生积极参与、主动学习和自我发展。这一原则在课程体系中具有深远的内涵和积极的作用。

人本性原则强调以人为本。这意味着课程体系应以学生的需求、兴趣和发展为出发点和核心，充分尊重学生的主体地位。在课程设计中，应考虑学生的多样性和个体差异，充分满足不同学生的学习需求。通过关注学生的个性发展和特长培养，课程体系可以激发学生的学习动力和潜能，促进其全面发展。人本性原则也强调尊重学生的主体地位。学生是课程体系的主体和学习的主体，应被视为积极的主动参与者。课程体系应有利于创造积极的学习环境，激发学生的学习兴趣和动力，鼓励他们积极参与学习过程。通过鼓励学生发表意见、提出问题、参与讨论和合作学习，课程体系可以促进学生的思维能力、交流能力和合作能力的培养。

同时，人本性原则鼓励学生积极参与和主动学习。学生的主动性和参与性是培养工匠精神的重要因素。课程体系应激发学生的学习主动性和探究欲望，培养他们主动获取知识、主动解决问题的能力。通过开展实践活动、项目研究和探究性学习，可以激发学生的创新思维和实践能力，培养他们成为主动学习者和自主发展者。此外，人本性原则强调学生的自我发展。课程体系应为学生的个人发展提供支持和指导，帮助他们探索自己的兴趣、发展自己的优势，并形成自己的人生目标和职业规划。通过开设个性化的选修课程，提供实习和实践机会，课程体系可以激发学生的职业发展意识和创业精神，培养他们的综合素质和创新能力。

二、课程体系建设的路径

（一）制定培育目标和指标

在大学生大国工匠精神培育课程体系建设中，制定明确的培育目标和指标是至关重要的。通过制定具体的目标和指标，可以为课程体系提供明确的方向和指导，确保培养出具备大国工匠精神的高素质人才。

制定培育目标和指标的首要任务是明确培育方向和期望。大国工匠精神的培育要求学生具备高度的专业素养、创新能力、实践能力和责任意识。因此，通过明确这些方面的期望，可以为课程体系的设计和实施提供明确的目标，指导学生的学习和发展。制定培育目标和指标需要明确大国工匠精神所强调的核心品质和能力。大国工匠精神注重品质和能力的综合培养，如精益求精、团队协作、创新思维、问题解决等。通过明确这些核心品质和能力，可以明确学生在学习过程中所应具备的素养和能力，为培育课程的设计和实施奠定基础。制定培育目标和指标时，需要综合考虑个人发展和社会需求的平衡。大国工匠精神的培育旨在培养学生具备创新精神和实践能力，以适应社会的发展需求。同时，也要考虑学生个人的发展需求和兴趣。因此，在制定培育目标和指标时，应兼顾个人的发展规划和社会需求，确保培养出既符合社会期望又能发挥个人潜力的高素质人才。高校在制定培育目标和指标时还需要分阶段、有序地推进。大学教育是一个长期的过程，学生的学习和成长需要有明确的阶段性目标和指标。通过分阶段制定目标和指标，可以逐步引导学生的学习和发展，确保他们在不同阶段获得合适的培养和指导，实现全面发展。

在制定培育目标和指标后，还需要进行评估和调整。评估是对学生在培育过程中达到目标和指标的检验和反馈，可以通过考核、评价和反馈等方式进行。评估结果可以用于优化和调整课程体系，进一步提升培养效果。

（二）课程内容设计

在学生大国工匠精神培育课程体系建设中，课程内容的设计是至关重要的环节。课程内容应当根据培育目标，涵盖专业知识、实践技能和人文素养等多个方面，通过理论教学、实践教学、案例分析、项目实践等形式，培养学生的综合能力和大国工匠精神。以下是对课程内容设计的详细阐述。

首先，课程内容设计应当围绕培育目标展开。培育目标是指学生所应具备的品质、能力和素养。在课程内容设计中，应明确这些培育目标，并将其作为设计的基础和指导。例如，对于大国工匠精神的培育，可以明确将追求卓越品质，具备创新能力、实践能力和责任意识等作为核心目标。课程内容的设计应以这些目标为导向，确保学生在学习过程中获得相关素养的培养。

其次，课程内容应涵盖专业知识、实践技能和人文素养等多个方面。大国工匠精神的培育需要学生具备全面的素养和能力。因此，课程内容设计应包括专业知识的学习和应用、实践技能的培养和提升，以及人文素养的培养等方面。通过有机地融合这些内容，学生可以在不同层面上全面发展，具备综合素质和大国工匠精神。

再次，课程内容的设计应采用多种教学形式。传统的理论教学是课程内容的重要组成部分，可以为学生提供必要的专业知识和理论基础。同时，实践教学也是大国工匠精神培育中不可或缺的一环。通过实践教学，学生可以将理论知识应用于实际问题的解决中，提升实践能力和创新能力。此外，也可以引入案例分析和项目实践等教学形式，通过具体案例和实际项目的分析和实践，培养学生的综合能力和工匠精神。

最后，课程内容的设计应与实际需求相结合。大国工匠精神的培育旨在培养适应社会发展需求的高素质人才。因此，课程内容的设计应当与实际需求相结合，关注社会的变化和发展，使学生所学的内容能够与实际工作和社会实践相匹配。这可以通过与相关行业和企业的合作、实习实训等方式实现，使学生能够在实际场景中学以致用，增强培养效果。

（三）组织实践教学

在学生大国工匠精神培育课程体系建设中，组织实践教学是一项至关重要的任务。实践教学的目的是通过组织学生参与实践活动，将理论知识转化为实践能力，使学生能够体验和理解工匠精神的实际意义。以下是对组织实践教学的详细阐述。

实践教学是培养大国工匠精神的有效途径。大国工匠精神的培育强调学生具备创新能力、实践能力和责任意识等核心素养。实践教学正是通过让学生亲身参与实际工作和实践项目，将理论知识应用于实际问题的解决过程中，培养他们的实践能力和创新能力。通过实践活动，学生可以体验和理解工匠精神的实际意义，培养对工作的热情和责任感。

组织实践教学可以促进理论与实践的有机结合。理论教学是课程体系的基础，而实践教学则是理论知识的应用和实践的体现。通过组织实践活动，学生可以将在理论课程中学习到的知识与实际情境相结合，将理论知识转化为实践能力。这种有机结合可以加深学生对理论知识的理解和应用，提高他们的实践能力和解决问题的能力。

良好的实践活动组织也可以培养学生的团队合作和沟通能力。在实践活动中，学生通常需要与其他同学、教师和实践场所的工作人员进行合作和沟通。通过与他人的合作和沟通，学生可以培养团队合作和沟通能力，学会与他人协作解决问题。这对于大国工匠精神的培养至关重要，因为在现实工作中，团队合作和良好的沟通能力是不可或缺的。

推进实践教学还可以给学生提供与实际工作环境接触的机会。实践活动可以使学生更加接近真实的工作环境，了解工作过程和职业要求，这有助于学生对自身职业发展方向的确定和职业规划的制定。通过与实际工作环境的接触，学生可以更好地了解工匠精神在实际工作中的应用和价值，从而增强对工作的认同感和使命感。

（四）鼓励学科交叉融合

在学生大国工匠精神培育课程体系建设中，鼓励学科交叉融合是至关重要的。大国工匠精神的培育需要跨学科的融合和交叉，以促进学生的跨学科思维和能力的培养。

引入跨学科的内容和活动，可以拓宽学生的知识视野。在课程体系中引入不同学科的内容，可以使学生接触到不同领域的知识和观点，拓宽他们的知识视野，这有助于培养学生的综合思考能力，使他们能够从多个学科的角度去理解和解决问题。例如，在工匠精神的培育中，可以引入工程学、设计学、经济学等学科的知识，使学生能够从不同学科的视角去思考和探索工匠精神的内涵和实践。

跨学科的合作与交流可以激发学生的创新思维和综合能力。学科间的合作与交流可以促进不同学科之间的互动和碰撞，激发学生的创新思维和综合能力。通过与其他学科的学生或教师合作，学生可以学习不同学科的方法和思维方式，培养综合运用知识的能力。这种跨学科的合作与交流可以培养学生的团队合作能力、沟通能力和解决复杂问题的能力，为他们日后的工作和职业发展打下坚实的基础。

鼓励学科交叉融合可以提高课程的实用性和应用性。学生大国工匠精神培育课程体系的目标之一是培养学生具备实践能力和解决实际问题的能力。通过引入跨学科的内容和活动，可以使课程更加贴近实际工作和社会需求，提高课程的实用性和应用性。学生在实践活动中需要综合运用不同学科的知识和技能，从而培养实践能力和创新能力。

在大国工匠精神培育中推进学科交叉融合，还有助于培养学生的终身学习能力。跨学科的学习和交流可以促使学生具备跨学科思维和学习能力，使他们能够不断学习和适应新的学科和领域。在不断变化的社会和职业环境中，终身学习能力是至关重要的。通过鼓励学科交叉融合，学生可以培养跨学科思维和学习能力，能够持续学习、持续进步，不断适应社会发展和职业需求的变化。

第三节 优化教学方法

一、在大学生大国工匠精神培育中优化教学方法的重要性

（一）激发学生的学习兴趣和主动性

优化教学方法在大学生大国工匠精神培育中能够激发学生的学习兴趣和主动性，具有重要作用和意义。首先，创新的教学方式和活动设计能够打破传统教学的单一模式，为学生提供多元化的学习体验。通过引入案例分析、讨论、互动式教学等方法，学生可以参与到真实的案例研究中，积极思考和解决问题。这种互动式的学习方式能够激发学生的好奇心和求知欲，增强他们对于大国工匠精神的学习兴趣。其次，优化教学方法能够提高学生的参与度和主动性。传统教学模式往往是教师主导的知识传授，学生被动接受。而优化教学方法强调学生的主动参与和自主学习。通过引导学生提出问题、进行讨论和探索，学生可以积极思考和表达自己的观点，培养独立思考和批判性思维能力。学生在积极参与的过程中，能够更好地理解和体验大国工匠精神的内涵，激发对学习的主动性和积极性。

此外，优化教学方法还能够提供个性化的学习支持，满足学生不同的学习需求和兴趣。每个学生的兴趣和学习方式都可能不同，因此，教学方法应该具有灵活性和多样性。通过了解学生的特点和倾向，教师可以根据学生的需求进行个性化的教学设计，为他们提供感兴趣和有挑战性的学习任务。这样能够激发学生的学习动力，使他们更加主动地投入学习中，从而提高学习的效果和质量。

（二）有利于提升教学效率

在大学生大国工匠精神培育中，优化教学方法能够提升教学效率，对于学生的学习成效和综合能力的培养具有重要意义。

首先，通过优化教学方法，教师能够更好地传递知识和培养技能，提高教学效率。优化教学方法可以采用多样化的教学手段，如互动讨论、实践操作、案例分析等，从而激发学生的学习兴趣，提高他们的参与度和学习动力。同时，教师可以根据学生的实际情况和学习需求，灵活调整教学策略和教学内容，使教学更贴近学生的实际需求，提高学习效果。

其次，优化教学方法可以促进学生的主动学习和自主发展，进一步提升教学效率。传统教学模式往往是教师单向传授知识，学生被动接受。而通过优化教学方法，教师可以鼓励学生积极参与学习过程，主动思考和提出问题，培养他们的自主学习能力和批判性思维能力。学生在主动学习的过程中，更容易理解和掌握知识，形成深入的学习体验，并能够将所学知识应用到实践中，提高工匠精神的实践能力。

最后，优化教学方法还可以促进学生之间的合作与交流，提高学习效率。通过合作学习、小组讨论等形式，学生可以相互交流和分享思考，共同解决问题。这种合作学习的过程可以促进学生的思维碰撞和理念交流，激发他们的创新思维和综合能力。同时，学生在合作学习中能够形成团队意识和协作能力，这正是培养工匠精神所需要的团队合作精神和责任意识。

二、优化教学方法的路径

（一）强调项目化实践

项目化实践在大学生大国工匠精神培育中扮演着重要角色。通过将实践教学与具体项目相结合，学生能够在实际项目中应用所学的理论知识，培养解决问题的能力，并提升团队合作和沟通能力。这种实践方式不仅能让学生深入了解和体验大国工匠精神的实际意义，还能够激发他们的创造力和主动性。

项目化实践为学生提供了锻炼解决问题能力的机会。通过参与实际项目的规划、执行和评估过程，学生能够面对真实的挑战和问题。在解决问题的过程中，他们需要运用所学的理论知识，并结合实际情境进行分析和决策。

这种实践能够培养学生的实际操作能力和创新思维，使他们在面对实际工作时能够更加自信和独立。项目化实践有助于培养学生的团队合作和沟通能力。在项目中，学生需要与团队成员合作，共同完成项目目标。通过团队合作，学生可以学习倾听、协调和有效沟通的技巧，培养团队协作精神和领导能力。

此外，项目化实践还能够让学生感受到实践中的挑战和成就感。在项目的执行过程中，学生可能面临各种困难和挑战，但也会收获成就感和满足感。当他们成功解决问题、实现项目目标时，会感到由内心产生的满足感和自豪感。这种积极的体验将激发学生对于工匠精神的热情和追求，激励他们更加努力地学习和实践。

（二）提供真实场景的实践机会

提供真实场景的实践机会是在大学生大国工匠精神培育中优化教学方法的重要方面。通过为学生提供接触真实工作场景的机会，如实习、实训、参观实践等，可以让他们亲身体验工作环境，了解工匠精神在实际工作中的应用和重要性。这种实践机会对于学生的职业发展和素养培养具有重要意义。

提供真实场景的实践机会能够让学生与实际工作环境接轨。通过参与实习或实训项目，学生可以置身于真实的工作场景中，感受工作的要求和挑战。他们可以与实际从事相关工作的人员进行互动和交流，了解工匠精神在实践中的应用和意义。这种接触可以让学生更好地理解自己所学专业的实际应用，增强他们对于工作的认知和兴趣。真实场景的实践机会能够培养学生的专业技能和工作方法。在实际工作场景中，学生有机会学习和应用专业技能，掌握实际工作所需的操作和技术。通过与实际工作人员的合作和指导，学生可以了解行业标准和最佳实践，并通过实际操作来提升自己的实践能力。这种专业技能的培养不仅为学生将来的职业发展打下了基础，也提高了他们在大国工匠精神培育中的实践能力和应用能力。

提供真实场景的实践机会还有助于培养学生的职业素养和责任意识。在实际工作环境中，学生需要遵守工作纪律、尊重他人、具备职业道德和责任感。通过亲身体验和参与实践，学生能够感受到职业素养的重要性，并逐步培养自己的职业形象和职业道德观念。他们将意识到自己作为工匠的责任，积极参与工作，努力提升自己的专业水平和综合素质。

提供真实场景的实践机会在大学生大国工匠精神培育中具有重要的意义。通过让学生接触真实工作场景，了解工匠精神在实际工作中的应用和重要性，培养学生的专业技能、职业素养和责任意识。这种实践机会让学生与实际工作环境接轨，提升了他们的实践能力和职业发展潜力，为他们的综合能力和工匠精神的培养奠定了坚实的基础。

（三）导师指导与反馈

导师指导与反馈是大学生工匠精神培育的重要环节之一，通过安排经验丰富的导师指导学生的实践活动，并定期提供反馈和指导，可以有效促进学生的成长和发展，培养他们的实践能力和工匠精神。

导师的经验和专业知识可以帮助学生解决实践中的问题。在实践活动中，学生可能会遇到各种挑战和困难，导师作为经验丰富的指导者，可以提供宝贵的经验和解决问题的方法，引导学生面对实践中的难题，帮助他们找到解决方案，并指导他们如何有效运用理论知识和技能来解决实际问题。这种指导有助于学生在实践中获得成功，增强他们的自信心和专业能力。

导师的反馈和指导对于学生的成长和发展同样至关重要。定期的反馈和指导可以帮助学生了解自己在实践活动中的表现，发现自身的优点和不足之处。同时，导师可以针对学生的表现提供具体的建议和指导，帮助他们进一步改进和提高。导师的反馈不仅仅是评价学生的成绩，更是给予学生发展的方向和动力。通过导师的指导，学生可以不断优化自己的实践能力和工匠精神，不断迈向更高的水平。

导师的指导和反馈还可以激发学生的学习动力和学习兴趣。当学生感受到导师的关注和支持时，他们会更加积极主动地参与实践活动，并对学习产生浓厚的兴趣。导师的指导和反馈还可以帮助学生建立起自我评价的意识和习惯，让他们不断反思和提升。这种积极的学习态度和动力将推动学生在大国工匠精神培育中取得更好的成果。

（四）做好反思与总结

反思与总结在大学生大国工匠精神培育中的重要性不可忽视。通过鼓励学生进行反思和总结，他们可以深入思考自己的实践经验，发现问题、总结经验教训，并提出改进方案。这一过程有助于学生加深对工匠精神的理解和体验，不断提升自己的实践能力。

反思与总结是学生自我成长的重要环节。在实践教学中，学生会遇到各种挑战和问题，通过反思和总结，他们能够主动思考问题的本质、原因和解决方案。学生可以回顾自己的实践经验，思考自己的表现和取得的成果，从中发现问题和不足之处，并总结经验教训，为今后的实践活动提供指导和启示。这种反思和总结的过程有助于学生的成长和发展，培养他们的批判性思维和问题解决能力。反思与总结还有助于学生加深对工匠精神的理解和体验。在反思和总结的过程中，学生会思考工匠精神的内涵和核心价值，以及工匠精神在实践中的应用和意义。通过总结自己在实践活动中展现出的工匠精神，学生能够更加清晰地认识到工匠精神对于个人发展和社会进步的重要性。同时，反思和总结还有助于学生从理论到实践的转化，使他们能够更好地将工匠精神融入自己的实践中，不断提升自己的实践能力和创新能力。

此外，反思与总结有助于学生形成持续学习的习惯。通过反思和总结，学生能够不断回顾自己的学习和实践过程，发现自己的成长和进步，并在此基础上制定学习计划和目标。学生通过反思和总结，能够了解自己的学习需求和不足，进而主动寻求学习资源和机会，不断提升自己的实践能力和知识水平。这种持续学习的习惯将使学生在大学期间和毕业后能够持续践行工匠精神，实现个人的成长和职业发展。

第四节　科学构建评价体系

一、科学构建评价体系的重要性

（一）激发学习动力、培养学习自主性

科学的评价体系在激发学生学习动力、培养学生学习自主性方面发挥着至关重要的作用。它是一种客观、公正和科学的评价手段，以专业和规范的评价指标和评价方法，帮助学生了解自身的学习状态，以便能够针对自身的优势和不足进行有针对性的改进和提高。

在科学的评价体系下，学生的每一项技能、每一项学习成果都会得到公正的评价和反馈。他们可以了解自己在专业知识掌握、技能应用、创新思维、团队合作等方面的具体表现，得知自己在哪些方面有优势、哪些方面存在不足，从而能够更加准确地认识自己，了解自己的学习状态和学习成果，这是启动他们学习动力的关键。

此外，评价体系也能帮助学生明确自己的学习目标。当学生清楚地知道自己的优点和短板，他们就能为自己设置更为具体和现实的学习目标，这些目标可以是提高某项技能、掌握某项知识，也可以是提高自己的团队合作能力、增强自己的创新思维。有了明确的目标，学生的学习动力自然就会提高。科学的评价体系还有助于培养学生的学习自主性。评价体系的反馈可以让学生知道自己的学习成果和效果，这样学生就可以根据这些反馈调整自己的学习策略和方法，自主改进自己的学习，这是培养学生学习自主性的重要途径。

（二）提升教学质量、推动教育改革

科学的评价体系在提升教学质量和推动教育改革方面起着关键性的作用。评价体系是一种用来衡量学生学习效果、教师教学质量和学校教育质量

的有效工具，它能帮助教师和学校对教学过程和教学成果进行全面、深入的了解和分析。

科学的评价体系能提供有力的教学反馈。在教学过程中，教师可以通过评价体系了解学生的学习状况，如学生对课程内容的理解程度、学习方法的有效性、学习动力的高低等。这些反馈信息对于教师调整教学策略，提高教学效果具有极大的帮助。例如，如果教师发现学生对某个知识点的掌握情况不理想，就可以针对这个问题进行深入教学，提高学生的理解和掌握程度。

科学的评价体系对于推动教育改革具有积极的推动作用。通过评价体系，学校可以系统地收集、整理和分析教学过程和教学成果的数据，发现教育教学中存在的问题，以及可能影响教育质量的因素。这些信息对于学校制定教育改革的策略，改进教育教学的方法，以及提升教育质量都具有重要的指导意义。科学的评价体系对于建立和维护公平的教育环境也具有重要的作用。评价体系可以保证每一个学生都能得到公平、公正的评价，避免因主观因素导致的评价不公。这对于保护学生的学习权益，实现教育公平具有重要意义。

（三）实现教育公平、保障教育质量

科学的评价体系在实现教育公平和保障教育质量方面的作用不可被忽视。它能确保每一名学生都接受公正、客观的评价，消除因主观偏好引入的评价差异，从而实现每一名学生公平接受教育的目的。

科学的评价体系有助于消除教育评价中的偏见。教育评价是教学过程中的重要环节，影响着学生的学习动力、学习目标和未来发展。如果评价体系存在主观偏好，可能导致部分学生被高估或低估，从而影响他们的学习状态和未来发展。而科学的评价体系能确保评价的公正性和客观性，避免主观偏好的影响，让每一名学生都能得到与他们实际学习水平相符的评价。

科学的评价体系有助于公平分配教育资源。在教学过程中，资源的分配通常是根据学生的学习表现来进行的。如果评价体系存在问题，可能导致资源分配的不公，使得部分学生得不到应有的教育机会和资源。科学的评价体系能准确地反映学生的学习水平和需求，有助于学校公平、合理地分配教育资源，保证每一名学生都有公平的学习机会。

与此同时，科学的评价体系是保障教育质量的重要手段。教育质量是衡量一个教育体系优劣的重要标准，而评价体系是影响教育质量的关键因素。科学的评价体系能有效地激发学生学习的积极性、提高学生的学习效率，从而提升教育质量。

二、大学生大国工匠精神培育评价体系构建的路径

（一）明确评价目标

在构建大学生大国工匠精神培育的评价体系中，明确评价目标是首要步骤，而这一目标应与大国工匠精神培育的目标紧密相连，以确保评价的方向性和目的性。在我看来，培育大国工匠精神不仅是培养学生的技术技能，更是要树立他们的专业精神和职业道德，激发他们的创新能力，培养他们的团队合作精神和社会责任感。因此，评价目标的设定应覆盖以下几个方面。

首先，实践技能的评价是必不可少的。实践技能是衡量学生是否掌握专业知识，能否将所学知识应用于实际的重要标准。这包括但不限于学生在专业实习、课程设计、创新项目等实践活动中的表现。这一评价目标的设定，有助于引导学生把理论学习与实践活动紧密结合起来，将所学知识转化为实际操作能力。

其次，创新能力的评价也至关重要。大国工匠精神并非一成不变，而是需要不断创新、不断优化。因此，教育者需要通过评价，检验学生是否具备发现问题、分析问题和解决问题的能力，是否具备独立思考和创新的精神。这一评价目标的设定将激励学生追求创新、敢于挑战、勇于实践。

再次，团队合作精神的评价也极其重要。工匠精神并不仅仅是个人的事情，它需要团队的合作和配合。因此，教育者需要在评价体系中加入团队合作精神的评价，观察学生在团队项目中的表现，是否能和团队成员有效沟通，是否能为团队的目标做出贡献。这一评价目标的设定，将有助于培养学生的团队合作精神，让他们在合作中学习、在合作中进步。

最后，职业道德和社会责任感的评价也同样重要。大国工匠精神代表了

一种态度、一种精神，以及对工作的敬业和对社会的责任感。因此，评价体系中应加入职业道德和社会责任感的评价，观察学生是否能坚守职业道德，是否对社会有强烈的责任感。这一评价目标的设定将有助于培养学生的职业道德和社会责任感，让他们成为既有技术技能，又具有良好道德风貌的社会主义建设者和接班人。

（二）设置合理的评价指标

在构建大学生大国工匠精神培育的评价体系中，设置合理的评价指标是其中重要的一环。评价指标是评价体系的核心，是评价的重点和依据，也是衡量评价结果是否科学、客观、公正的重要手段。理想的评价指标应该全面、科学地反映出学生在知识掌握、技能应用、创新能力、团队合作等多个方面的表现。同时，这些指标应具有科学性和可操作性，确保评价结果的客观性和公正性。设置合理的评价指标主要包括以下几点。

第一，评价指标需要全面。它需要覆盖学生在知识、技能、态度、价值观等多个方面的发展。大国工匠精神并不仅仅涉及专业技术，更包含了职业精神、职业道德、团队合作精神等多元素质，因此，评价指标的设置也应该尽可能全面，覆盖学生在各个方面的发展。

第二，评价指标需要具有科学性。评价指标的科学性主要表现在它能否准确、有效地反映评价目标的实现情况，能否为教学决策提供准确的信息。为此，教育者需要借鉴教育测量学的理论和方法，运用统计学的手段，对评价指标进行严密的设计和验证。

第三，评价指标需要具有可操作性。无论指标设计得多么完美，如果不能在实际操作中得到有效应用，那么这些指标都没有价值。因此，教育者在设计评价指标时，不仅需要考虑其科学性，还需要考虑其可操作性，让教师能够方便、快捷地进行评价操作。

第四，评价指标需要注重公正性。评价的公正性主要体现在评价过程和结果对所有学生都公正无私，不因人、事、时、地的差异而产生不公。为此，教育者需要构建一个公正、公平、公开的评价环境，让每一个学生都有展示自己的机会，都能在公正的评价中获得公平的结果。

（三）采取多元化的评价方法

在构建大学生新时代工匠精神培育的评价体系中，必须充分利用多元化的评价方法，以获得更全面、更真实的评价结果。科学的评价体系应采取多种评价方法，包括形式性评价（如考试、论文）和非形式性评价（如观察、访谈、自我评价、同伴评价等）相结合，使评价结果更为全面和真实。

形式性评价和非形式性评价各有优点，二者结合起来，可以从多角度、多层面对学生的新时代工匠精神进行评价。形式性评价，如考试、论文等，更侧重于对学生知识掌握程度、理论理解力、分析问题和解决问题的能力等进行评价。通过形式性评价，教育者可以直接了解的学生学习成果，了解学生的知识储备、学习进度等，为教学决策提供参考。然而，仅靠形式性评价，教育者无法全面了解学生的学习状况。例如，新时代工匠精神不仅包括技术技能，还包括职业精神、团队合作精神、创新精神等。这些素质往往难以通过考试、论文等形式性评价完全评估出来。因此，教育者还需要运用非形式性评价，如观察、访谈、自我评价、同伴评价等，从另一角度对学生进行评价。

观察和访谈可以让教育者更直接地了解学生在课堂、实验、实习等各种学习场景中的表现，从而评价他们的实践技能、团队合作能力、解决实际问题的能力等。通过自我评价，学生可以反思自己的学习过程和学习结果，对自身的优点和不足有更深入的理解，从而自我调整、自我提升。同时，同伴评价可以让学生从同伴的角度看待自己，了解自己的表现对其他人的影响，进而对自己有一个更为全面的认知。

（四）过程性评价与结果性评价相结合

在培育大学生新时代工匠精神的过程中，评价机制的设立非常关键，特别是实施过程性和结果性评价的理念，可在对学生的学习过程和学习成果进行全面评估的同时，促使学生持续发展和进步。

过程性评价注重对学生学习过程中的行为、思维和情感变化进行评价，着重于发现和解决学习过程中出现的问题。过程性评价对新时代工匠精神的培育尤为关键。新时代工匠精神不仅关乎结果，更在于过程，在于学生是否愿意投入无尽的探索与实践中，是否愿意面对困难坚持不懈，是否在遇到挫折时有毅力和决心去寻求解决方案。过程性评价，通过对学生的实践行为、思考方式和情感态度进行长期、连续的观察和记录，可以帮助教育者及时发现并矫正学生在学习过程中的问题，引导他们正确理解和实践新时代工匠精神。

与过程性评价相辅相成的是结果性评价，其目的在于检验学生的学习成果，衡量他们是否达到了预设的学习目标。结果性评价通过对学生的理论知识掌握、实际操作技能、问题解决能力、团队协作能力等进行测试和考核，可以让教育者直观了解学生的学习成果，了解他们对新时代工匠精神的理解和应用程度。结果性评价也有助于激励学生更好地投入学习中，因为他们知道自己的努力将得到具体的回报和认可。传统的教学评价注重结果性评价，一般体现为以考试为主的成绩测试。这种评价方式过于单一，且不能全面反映人才培养的要求。现代高等教育重视学生综合素质的发展，因此，在评价时应该关注学生各个方面素质的提升，且应该将过程性评价与结果性评价有机结合，既要考查学生对于知识与技能的掌握，也要关注不同阶段教学的开展情况。

过程性评价和结果性评价二者结合使用，可以更全面、深入地了解和评价学生的学习情况。过程性评价帮助教育者理解学生是如何走到现在的，结果性评价让教育者明白学生现在站在哪里。二者互为补充，形成一个全方位的评价体系，让教育者能更精准地评估大学生新时代工匠精神的培养效果。这种评价体系的建立，不仅对学生的学习有导向作用，也对教师的教学起到了反馈作用。对于学生来说，明确了他们需要达到的学习目标，也了解了他们在学习过程中需要注意的问题；对于教师来说，可以通过这种评价方式，了解自己教学的效果，反思自己的教学方法，更好地改进教学，提高教学效果。因此，实施过程性和结果性评价，对培育大学生新时代工匠精神、实现教育教学目标，具有重要意义。

（五）建立反馈和调整机制

建立反馈和调整机制是任何评价体系的重要组成部分，特别是在培育大学生新时代工匠精神的评价体系中，反馈和调整机制更是必不可少。这种机制要求教育者将评价结果反馈给学生和教师，使他们能够了解到学生的学习情况，从而有针对性地调整教学方法和学习策略。同时，评价体系本身也应该定期进行调整，以确保其科学性和适应性，以应对教育环境和教育目标的变化。

一方面，反馈是学习的驱动力，也是教学的参照。有效的反馈能激励学生主动参与学习，增强他们的学习兴趣和学习动力，帮助他们发现并解决学习中的问题。教师通过对学生的评价，可以获得学生的学习反馈，了解学生的学习进度和学习困难，从而对教学方法和教学内容进行适时的调整和改进。同时，教师也可以根据学生的反馈调整自己的教学行为，提升教学效果。

另一方面，反馈也是评价的结果，是评价的终点。教师进行评价，就是为了获取反馈，以便对教学和学习进行调整。评价结果的反馈，可以让教育者了解教学和学习的实际效果，是否达到预期目标，是否存在问题，需要怎样的改进。因此，有效的反馈是评价的目标，也是评价的依据。

调整则是评价的动态过程，是评价的新起点。教师进行评价，就是为了调整，以便更好地实现教育目标，包括调整教学方法、调整学习策略、调整评价体系等。教师通过反馈，可以了解自己的教学方法是否适合学生，学生的学习策略是否有效，评价体系是否科学合理。通过调整，教师可以改进教学、优化学习、提升评价，从而更好地实现教育目标。

第五章 健全大学生大国工匠精神培育的保障体系

第一节 完善政策制度保障体系

一、完善政策制度保障体系的重要性

（一）为大学生的工匠精神培育提供指导和支持

政策制度保障体系的稳定性和持续性对于大学生工匠精神的培育至关重要，不仅因为需要长时间才能见到工匠精神培育显著的效果，还因为工匠精神培育需要在一个稳定、预见的环境中进行，让教师、学生、教育行政管理者，以及所有参与者都能有一个清晰、稳定的期望和方向。

一个完善的政策制度保障体系能够在宏观层面为工匠精神的培育提供持续、稳定的政策导向和资源支持。其中政策导向不仅明确了工匠精神培育的重要性，还为实施具体的教育活动提供了方向。它为教师制订教学计划、为学校设定教育目标、为教育行政部门规划教育资源提供了依据。在政策导向的指引下，各方参与者都能沿着同一方向努力，形成合力，从而推动大学生工匠精神的培育取得实效。

另外，政策制度保障体系还能为工匠精神培育提供稳定的资源支持。包括教育经费、教师队伍、教学设备、教学研究等方面的资源。只有保障充

足、稳定的资源支持，才能保证工匠精神培育的深度和广度，才能保证每一个学生都有足够的机会参与到工匠精神的培育中，享受高质量的教育。

同时，政策制度保障体系的稳定性还表现在对变化的应对上。教育环境不断变化，新的教育理念、教育方法、教育技术不断涌现。政策制度保障体系需要具备足够的灵活性和适应性，能够及时吸纳和采纳新的教育理念和方法，调整和更新政策导向和资源配置，以满足工匠精神培育的新需求，确保其与时俱进。

（二）为大学生的工匠精神培育创造有利环境

一切教育活动都是在一定环境中进行的，从宏观层面来看，政策制度保障体系是一种以国家为主导、以法律为依据、以社会公共利益为导向的社会管理方式。通过政策制度保障体系，国家能够对社会进行宏观调控，引导社会发展方向，规范社会行为。在教育领域，政策制度保障体系通过设定相关的政策和规章，能够为大学生的工匠精神培育创造有利的外部环境。

政策制度保障体系为大学生的工匠精神培育提供了价值导向。工匠精神是一种注重精益求精、追求卓越、忠于职守的精神态度，这是一种普世的价值。通过设定相关政策，国家能够明确工匠精神的价值地位，鼓励全社会尊重工匠，推崇工匠精神。这对于营造尊重知识、尊重创新、尊重人才的良好社会氛围，提高大学生的社会认同感和归属感，增强他们的自豪感和使命感发挥着重要作用。

（三）为大学生的工匠精神培育提供动力

政策制度保障体系是一种激励机制，旨在创造一种积极向上的教育环境，鼓励大学生持续提高自身水平，从而成为具备工匠精神的专业人才。这样的体系对于激发大学生的学习动力，引导他们坚持不懈、精益求精具有无可比拟的作用。

在这个过程中，政策制度保障体系首先扮演的角色是提供动力。从微观层面看，政策制度保障体系通过设立一系列奖励机制，如奖学金、荣誉称号、科研资助等，能够有效激发大学生的学习动力，鼓励他们追求卓越，将工匠精神融入自身的学习、研究和实践中。每一个获得的奖励都是对他们努力和坚持的肯定，从而增强他们内在的学习动力，使他们更愿意投入艰辛的学习和实践中。同时，政策制度保障体系还通过设立一系列惩罚机制，如学业预警、学分扣减、延期毕业等来警示大学生注意学业，不断提高自我，避免在学习和成长的过程中出现懈怠和滑坡。这样的制度设计既能够确保教育的公平性和严谨性，又能够帮助大学生树立正确的学习观念，使他们明白，只有通过辛勤的努力，才能够实现自我价值，培养和深化工匠精神。

政策制度保障体系的作用还表现在激励上。这种激励不仅仅是物质层面的，更重要的是精神层面的。政策制度保障体系通过公开表彰、正面宣传等方式，对在工匠精神培育中表现突出的大学生进行肯定和赞扬，鼓舞其他大学生以他们为榜样，积极培养和提升自己的工匠精神。这种精神激励对于建设积极、健康、向上的学习氛围，引导大学生形成良好的学习习惯和学习态度，提升他们的学习积极性和学习效率都具有重要的推动作用。

完善的政策制度保障体系对于大学生的工匠精神培育具有重要的推动和激励作用。只有在这种强有力的政策制度保障下，培育大学生的工匠精神才能够得以顺利进行，教育者才能培养出一批批具有高素质、高技能，充满创新精神和工匠精神的优秀人才。

二、政策制度保障体系的完善路径

（一）完善顶层设计

完善顶层设计是建立和完善大学生大国工匠精神培育政策制度保障体系的首要步骤，它涉及从国家层面对工匠精神培育重要性的认识和支持，以及对相关政策和制度的设计和制定。

首先，要明确工匠精神培育的重要性。在新时代背景下，工匠精神是推动我国产业升级、实现经济高质量发展的重要动力。大学生作为国家未来的主力军,是传承和发展工匠精神的重要力量。因此,从国家层面明确大学生工匠精神培育的重要性,为其提供政策和制度上的保障是十分必要的。

其次,要从大国工匠精神培育的实际出发,设计和制定相关的政策和制度。这些政策和制度旨在为大学生的工匠精神培育提供指导和支持。它们可能涉及教育教学改革、人才培养机制、教育资源配置、学生评价和激励机制等多个方面。这些政策和制度需要结合我国的实际情况,有针对性地设计和制定,确保其可行性和执行性。

最后,政策和制度需要具有前瞻性和灵活性。前瞻性意味着教育者要预见未来的发展趋势,从长远的角度出发,设计和制定能够适应未来发展的政策和制度。灵活性则要求教育者在制定政策和制度时,考虑社会环境和教育环境的变化,使政策和制度有足够的灵活性,能够适应这些变化。

在完善顶层设计的过程中,还要注意到,任何政策和制度都不可能一蹴而就,它们需要在实践中不断地调整和完善。因此,在设计和制定政策和制度时,教育者还需要建立一个有效的反馈机制,及时了解政策和制度的执行情况,根据反馈的信息,及时对政策和制度进行修正和完善。

(二)推进制度创新

作为完善政策制度保障体系的重要一环,制度创新的主要目标是通过创新教育教学模式、制订特色鲜明的培育计划以及建立精确的评价机制,以更符合实际需求的方式推进大学生工匠精神的培育。

在制度创新的过程中,高校和教育部门需要根据自身的特点和实际情况进行深入的思考和规划。由于不同的学校和教育部门所面临的教育环境、教育资源、教师队伍和学生群体都存在差异,因此在推进工匠精神培育的过程中,需要采取符合自身特点的方式进行。

创新教育教学模式是制度创新的关键内容之一。教育教学模式的选择直接影响工匠精神培育的效果。例如,一些学校可能更注重理论教学,而另一些学校可能更注重实践教学。因此,在制度创新的过程中,学校和教育部门需要根据自身的教育资源、教师队伍、学生需求等因素,创新教育教学模式,以更有效地推进工匠精神的培育。制订符合本校特色和学生需求的工匠精神培育计划是另一个关键内容。这一计划需要反映学校的特色和优势，同时需要满足学生的学习需求。这一计划的制订需要综合考虑学校的教育资源、教师队伍、学生需求等因素，以保证其针对性和可行性。

另外，建立一套完善的评价机制也是制度创新的重要任务。这一评价机制应全面、细致地评价大学生的工匠精神培育情况，以便及时了解培育的效果，发现存在的问题，调整和改进培育的方式和内容。这一评价机制应具有科学性、合理性和公正性，保证评价结果的真实性和公正性。制度创新是一项复杂而富有挑战性的工作，需要综合运用教育理论和实践经验，通过不断的探索和实验，找到最符合自身特点和需求的方式，从而更有效地推进大学生工匠精神的培育。

（三）强调实施与执行

实施与执行是政策制度保障体系的生命线，涵盖了政策和制度从设计到实际运用的全过程。这一阶段的核心问题是如何把政策和制度转化为真实的行动，使其在大学生的工匠精神培育中发挥实际作用。

为了确保政策和制度的有效实施，教育部门和学校需要制定详细的实施方案。这个实施方案是对政策和制度的具体化，是将政策和制度的目标和要求转化为具体的行动步骤和操作方式。在制定实施方案时，教育部门和学校需要考虑各种实际因素，包括教育资源的分配、教师队伍的状况、学生的学习需求等，以确保实施方案的可行性和有效性。

明确责任主体是另一个关键环节。每一项政策和制度的实施都需要有人承担责任。责任主体的选择直接影响政策和制度的执行效果。因此，教育部门和学校需要明确哪些部门或者人员负责执行哪些政策和制度，制定详细的责任分工，让每个人都清楚自己的职责所在。政策和制度的执行不仅需要有明确的实施方案和责任主体，还需要有严格的监督和考核机制。这个机制的作用是监督政策和制度的执行情况、考核执行的效果、发现执行过程中存在的问题，并及时对这些问题进行纠正。这个机制的建立需要综合考虑各种因素，包括政策和制度的特性、学校的实际情况、执行人员的能力等，以确保公正性和有效性。

制度与政策的实施与执行是一项艰巨而重要的任务，需要教育者综合运用管理理论和实践经验，通过科学的方式，确保政策和制度在大学生的工匠精神培育中发挥最大效用。这需要教育者有清晰的目标、明确的责任、充足的资源、科学的方式，以及刚性的纪律，通过这些手段，使政策和制度不再是空中楼阁，而是落地生根，发挥实际作用。

（四）重视反馈与修正

反馈与修正的过程是一个动态的、持续的优化和调整的过程。在政策制度保障体系的构建中，反馈与修正环节的重要性不亚于任何一个环节。教育者需要理解，任何一项政策和制度都不可能一开始就完全符合实际情况，总会存在需要优化和调整的地方。因此，建立一套完善的反馈机制，定期对政策和制度的实施效果进行评价，及时根据评价结果进行修正和调整是至关重要的。

完善的反馈机制是确保政策和制度实施效果得以持续改善的关键。这套机制应当包括对政策和制度执行过程的反馈，以及对执行结果的反馈。执行过程的反馈主要是对政策和制度执行过程中出现的问题进行发现和反馈，包括执行过程中的操作错误、理解误差、资源配置问题等。执行结果的反馈则是对政策和制度执行后产生的实际效果进行评价和反馈，比如，政策和制度是否达到预期目标、是否带来预期效果、是否存在未预见的副作用等。

对于反馈结果的应用，教育者需要建立一套科学的评价体系，通过这个体系，教育者可以对反馈结果进行有效的解读和应用。评价体系的建立应基于对政策和制度的实际效果的深入理解和科学分析，避免因为反馈结果的误读而导致对政策和制度的错误修正。同时，评价体系也应当包括对执行人员的评价，以此监督和保证执行人员的执行质量。

根据反馈结果进行政策和制度的修正及调整是反馈与修正过程的最终目的。这个过程需要教育者以开放和创新的心态，对存在问题的政策和制度进行大胆的修正和调整，而不是保守地坚持错误。同时，修正和调整的方向应当基于对反馈结果的科学解读，既要考虑政策和制度执行过程中出现的问题，又要考虑执行结果带来的实际效果。

在大学生工匠精神的培育中，反馈与修正的过程可以帮助教育者不断优化政策和制度，使之更加贴近实际，更有利于工匠精神的培育。这个过程需要教育者具备批判性思维，勇于改变、不断求进，只有这样，教育者才能通过政策和制度的持续改进，更好地推动大学生工匠精神的培育。

第二节　提升师资队伍建设水平

一、教师在大国工匠精神传承与创新中的作用

（一）引导和教育

教师作为大国工匠精神传承与培育的关键角色，承担着引导和教育学生的重要责任。作为知识的引导者和传播者，教师通过各种教学活动，将工匠精神的核心价值观念传达给学生。在课堂教学中，教师可以运用多种形式，如讲授、讨论、案例分析等，将工匠精神融入专业知识和技能的训练之中，帮助学生深入理解和掌握工匠精神的内涵与实践方法。

教师通过课堂教学的方式，向学生介绍工匠精神的重要价值观，如对工作的热爱与执着、追求卓越的态度、持续学习与创新的精神等。通过实例和案例的引入，教师能够生动展示工匠精神在不同领域的实际应用，并引发学生的思考与讨论。此外，实践指导也是教师引导学生理解工匠精神的重要途径。教师可以组织学生参与实践活动，如实习、实训、项目研究等，让学生亲身体验并运用工匠精神，从而加深对其内涵的理解。

教师的引导和教育作用体现在教学的方方面面，比如，在研讨会和讨论课上，教师可以鼓励学生积极参与，提供机会让学生发表个人观点和理解，并引导他们从不同角度思考工匠精神的意义。通过多方位的交流与互动，学生能够从彼此的经验与见解中获取启发，共同探索工匠精神的深层次内涵。

教师的引导和教育还包括与学生的个别交流与指导。教师可以了解学生

的学习需求和兴趣，通过个性化的指导，帮助他们更好地理解和应用工匠精神。通过与学生的交流，教师能够及时发现学生在工匠精神培育方面的困惑与问题，并为其提供具体的建议与解决方案。同时，教师还可以为学生提供相关资源和推荐阅读，以拓宽他们对工匠精神的理解和认知。

（二）激励和榜样

教师的激励和树立榜样在大国工匠精神培育中起着重要作用。通过教师自身的行为和态度，他们能够成为学生树立积极工匠精神典范的榜样。教师专业热忱、严谨治学的态度，以及对技能精益求精的追求能够激发学生的学习热情和专业投入，引导他们形成正确的职业观和价值观。

教师通过展示自己的专业热忱和热爱工作的态度，能够激发学生对工匠精神的兴趣和追求。教师的热情和激情会传递给学生，激发他们对专业知识和技能的渴望。当学生看到教师对工作的投入和对学科的热爱时，他们会受到鼓舞，自然而然地追求卓越。教师也可以通过分享自己的职业经历和故事，向学生展示工匠精神的重要性和实际应用，激发他们对工匠精神的学习兴趣。教师的严谨治学态度和对技能精益求精的追求也能够激发学生的学习动力和自我要求。当学生看到教师对学术研究和专业技能的认真态度时，他们会受到启发，形成学习上的追求和要求。同时，教师可以通过精心准备的教学内容和详尽的讲解，向学生展示专业知识的精深和复杂，让他们明白学习的道路并不轻松，需要持之以恒地努力和坚持。这种严谨治学的态度和对技能精益求精的追求将激发学生对工匠精神的追求和理解。

此外，教师还可以通过自己的实践经验和成就，成为学生职业发展的榜样。教师可以分享自己在专业领域的成就和成功经验，让学生看到工匠精神在实际工作中的应用和价值。教师通过向学生展示自己在工匠精神方面的努力和取得的成果，能够激发学生追求卓越的动力，引导他们在学习和职业发展中不断挑战自我、超越自我。

（三）辅导和评估

教师在大国工匠精神的培育过程中扮演着重要角色，其中辅导和评估是他们的主要职责之一。教师通过个性化的辅导和评估，能够帮助学生更好地发展和成长，实现工匠精神的培养目标。

教师通过关注学生的学习进度和技能掌握情况，能够及时发现学生的优势和不足。教师可以通过课堂观察、作业评定、考试成绩等方式，对学生的学习情况进行全面评估。通过评估，教师能够了解学生在知识掌握和技能运用方面的情况，判断他们在工匠精神培养方面的成效和需求。同时，教师还可以通过个别辅导和交流，了解学生的学习困难和挑战，帮助他们解决问题，提高学习效果。

教师的评估不仅关注学生的学术表现，还关注他们在实践中体现的工匠精神。教师可以通过观察学生在实践项目、实习经历或团队合作中的表现，评估他们对工匠精神的理解和实践能力。通过对学生实践活动的评估，教师能够为其提供具体的反馈和建议，帮助学生认识到自己在工匠精神方面的优点和有待提高的方面。教师可以通过实践项目报告、实习成绩评定、实际工作中的观察等形式，对学生的实践表现进行评估和反馈。

个性化辅导是教师评估的重要补充。教师可以通过个别辅导和交流，了解学生的学习情况、兴趣爱好、发展需求等个体差异，并根据学生的特点和需求，为其提供个性化的指导和建议。通过与学生的面对面沟通，教师能够帮助他们明确学习目标、制订学习计划，并在学习过程中为其提供针对性的支持和鼓励。

（四）创新和研究

教师在大国工匠精神的传承与创新中扮演着关键角色，而创新和研究是他们的重要职责之一。作为工匠精神传承与创新的推动者，教师可以通过教育研究和教学创新、不断探索和发展适应当前社会需求的新的工匠精神教育方法和模式。

教师可以积极从事教育研究，深入探讨工匠精神的内涵和培养途径。他们可以研究国内外工匠精神培育的最新理论和实践成果，了解工匠精神在不同领域和行业的应用情况。通过研究，教师可以加深对工匠精神的理解，发现其中的价值观念和核心要素，并将其运用到自己的教学实践中。同时，教师还可以研究工匠精神培养的方法和策略，探索有效的教学手段和评估方式，以提高工匠精神培育的效果。

教师也可以进行教学创新，开发和应用新的工匠精神教育方法和模式。探索多种教学形式和工具，如案例教学、项目驱动学习、在线学习平台等，以激发学生的学习兴趣和积极性。教师通过设计创新的课程内容和教学活动，将理论知识与实践相结合，促进学生综合能力的培养和工匠精神的实践体验。通过教学创新，教师可以提高教学的效果和质量，激发学生的创新思维和实践能力。

教师还可以积极参与学科交流与合作，与同行进行教学研讨、经验分享和合作研究。通过与其他教师的交流与合作，教师可以借鉴他人的经验和教学方法，丰富自己的教学思路和教学资源。同时，教师还可以参与学校或学科组织的专业培训和学术会议，了解最新的教学理念和教育技术的发展，不断提升自己的教学水平和能力。

二、提升师资队伍建设水平的路径

加强教师培训与专业发展、激励教师的专业成长与创新、建立专业社群和合作平台、强化师德师风建设是提升师资队伍建设水平的四条重要路径。这四条路径在大国工匠精神的传承与创新中发挥着重要作用。

（一）加强教师培训与专业发展

1.教师专业发展概述

我们探讨职业与专业，首先要从二者的含义出发。职业是指个人所从事的服务社会并作为自身主要生活来源的工作，而职业本身又分为一般职业和专业性职业。"职业"一词在英文中的翻译有三个，即 occupation、profession，以及 vocation。其中 occupation 侧重于指代一般的谋生职业，还有消遣和业余活动的意思，而 profession 指代需要特殊专业能力或是较高教育水平的职业。2013 年，我国公布的教育学名词中就包括"专业性职业"一词，虽然其英语解释中同时出现了 profession 和 occupation，但该词的公布表明，在汉语语境中，已经对一般的职业与专业性职业进行了明确划分。

"专业"一词在《汉英双解现代汉语词典》中有三种解释：第一，在高等学校的一个系里或中等专业学校里，根据科学分工或生产部门的分工把学业分成的门类。第二，产业部门中根据产品生产的不同过程而分成的各业务部分。第三，形容专门从事某种工作和职业。我们这里讨论的教师专业发展使用的是第三种解释，即教师职业要求从业者不断提升自己的专业知识和专业技能，从而实现职业的不断发展。这里的"专业"与专业型职业的概念基本相同，即需要较高的知识或能力需求的职业。

随着社会分工的不断细化，越来越多的一般性职业逐渐发展为专业，这是历史发展的必然趋势，而这一发展过程就是职业的"专业化"过程。专业化是指在一定时期内，一般职业群体通过不断发展，最终逐渐达到或超越专业的标准，成为专业性职业群体的过程。专业化是一个过程，具有历史性。一般职业的专业化是一个历史的发展过程，在较长一段时间内，该职业的从业人员不断提升自身的专业知识水平和专业技能素养，使得职业在发展过程中不断提升行业的整体标准，并达到专业的水平，成为专业性职业，而在这一阶段，该职业从业人员的专业素质则必须达到其专业的标准。职业专业化是一个不断发展的过程，其专业标准不是一成不变的。随着职业专业化程度的不断提升，或者专业性职业内部分工的不断细化，专业标准也随之变化，以适应专业发展的要求。

教师专业化是教师职业专业化的过程，从广义上来讲，它有两个层面的含义：其一，教师作为一门职业，其专业化程度不断提升，对于从业人员素质的要求更加严格；其二，作为从业者的教师群体不断丰富自身专业知识、提升自身教学能力和技巧的自我提高过程。从狭义上来讲，教师专业化更多是从社会学角度考虑问题，更加强调作为一个整体的教师职业的专业性提升过程。高等教育作为层次较高的教育形式，国家对其师资队伍的专业化发展水平十分重视，近年来，政府和社会给予高校师资队伍建设大量的支持，以促进师资队伍专业化水平的提升。

学术界关于教师专业化与教师专业发展之间的关系的讨论主要存在以下三种不同的观点。

第一，教师专业化的过程等同于教师专业发展。

第二，教师专业化与教师专业发展的主体不同。教师专业化的主体是教师职业，含义是教师职业不断完善，专业水平不断提升的过程；教师专业发展的主体则是教师，指的是教师自我提升的过程。

第三，教师专业化包含教师专业发展。教师专业化包括教师职业和教师个体两个主体，教师专业化同时具有实现职业整体发展和从业者个体进步两个层面的含义。

广义上的教师专业化与教师专业发展之间并没有太明确的界限，"发展"即"变化"，教师专业发展与教师专业化之间存在诸多相通之处，均指加强教师专业性的过程。

狭义上的教师专业化与教师专业发展是两个不同的概念。双方强调的主体不同，教师专业化更加强调整体，即教师这个职业，而教师专业发展更加强调作为行业从业者的教师个体成长的过程。我们所研究的工匠精神传承与创新中教师的专业化发展就是充分结合教师专业化发展的这两层含义，既要重视教师自身专业化发展水平的提升，又要重视高校教师队伍整体的专业化建设。

2. 促进教师专业发展

建立健全的师资培训机制，为教师提供系统化的培训课程和机会是培养教师专业素养和提升教学水平的关键。

培训课程应包括工匠精神的理论学习。教师需要深入理解工匠精神的内涵和价值，了解其在当代社会的重要性和应用。培训课程可以涵盖工匠精神的起源、发展历程、核心要素，以及与专业知识、技能训练的关联等方面的内容，帮助教师在理论上建立牢固的基础。培训课程还应注重实践能力的培养。教师需要具备将工匠精神融入教学实践的能力。培训可以通过案例分析、模拟教学、实践指导等形式，让教师亲身体验并学习如何将工匠精神融入课堂教学。此外，可以组织教师参与实践项目、校外实习等活动，让他们在实际工作中感受工匠精神的应用和价值。

同时，培训机制应提供多样化的专业发展渠道。教师可以参与学术研究、教学创新和教学资源开发等项目，通过研究和实践来深化对工匠精神的理解和运用。培训机制还可以鼓励教师参与学术会议、研讨会和专业培训班，与同行交流和分享经验，拓宽视野，提高专业素养和教学水平。

在培训和专业发展中，还应注重教师的个性化需求和差异化发展。不同的教师在专业背景、教学经验和兴趣等方面存在差异，培训机制应灵活设置不同层次、不同领域的培训课程，满足教师的个性化需求，为其提供有针对性的发展机会。此外，建立教师培训与专业发展的长效机制也是至关重要的。学校和教育部门应加大对教师培训的支持力度，为其提供资源保障、经费支持和政策引导。同时，建立评估和反馈机制，及时了解教师培训的效果，根据评估结果进行改进和优化，确保培训和发展的质量和可持续性。

（二）激励教师的专业成长与创新

建立评价体系，将教师的专业成长与创新能力纳入考核体系，并设立相关奖励机制，这是激励教师积极投入专业发展和创新的关键措施。

首先，应建立评价体系。这一评价体系应以教师的专业成长和创新能力为核心，通过量化指标和综合评价方法，对教师的教学水平、教育研究成果、课程设计和教学创新等方面进行评估。评价体系要综合考虑教师在专业知识掌握、教学效果、科研成果、教学创新和师德师风等方面的表现，确保评价结果客观、全面、公正。

其次，应设立相关奖励机制。通过设立奖项、荣誉称号和专项津贴等形式，激励教师在工匠精神传承与创新方面的成果和贡献。奖励机制包括教学成果奖、教育科研奖、教学创新奖等，以及针对工匠精神表现突出的特殊奖项。这些奖励不仅可以体现对教师的认可和鼓励，还可以提高教师的专业积极性和创新动力，从而推动他们在工匠精神方面的持续成长与发展。

同时，为教师提供资源支持和团队合作的平台也是重要的激励措施。学校和教育部门应为教师提供必要的研究经费、实践场所和设备支持，确保他们能够开展教育研究和教学创新活动。此外，应建立跨学科的团队合作平台，鼓励教师之间的交流和合作，促进知识的共享和创新的碰撞。这样的平台可以为教师提供更广阔的发展空间，激发他们的创新潜能，进而推动工匠精神的传承与创新。

在激励教师专业成长与创新过程中，还需要注重支持教师的个性化发展需求。教师在专业领域的兴趣和特长各不相同，学校和教育部门应根据教师的个人发展目标和需求，为其提供多样化的专业发展路径和培训课程，包括专业学术交流会议、研修班、导师指导、在线学习资源等形式，帮助教师不断拓宽知识面、深化专业领域的理解，提高工匠精神的传承和创新能力。

（三）建立专业社群和合作平台

组建教师专业社群，通过定期的交流研讨、经验分享和互助合作，搭建教师之间的交流平台。鼓励教师参与学科交流和合作研究，促进跨学科的合作与交流，推动工匠精神的跨学科融合与传承。

通过组建教师专业社群，可以促进教师之间的交流、合作和学习，打破学科壁垒，推动工匠精神的跨学科融合与传承。

高校与教育部门应共同努力建立教师专业社群。教师专业社群是由具有相同专业背景或共同教学兴趣的教师组成的学术交流和合作网络。学校和教育部门可以组织教师定期开展交流研讨会、经验分享会和教学案例研究等活动，促进教师之间相互学习和合作。教师专业社群提供了一个互相借鉴、共同成长的平台，教师可以在其中分享教学经验、教学资源和教学创新成果，共同探讨教育教学的难题和挑战，进一步提升工匠精神的传承和创新能力。

高校应鼓励教师参与学科交流和合作研究。学科交流和合作研究是跨学科合作的重要形式之一，有助于促进不同学科之间的知识交流和理念碰撞。学校可以组织跨学科的教师团队，针对特定课题进行合作研究和项目开发，以促进工匠精神在不同学科领域的融合与传承。教师可以参与跨学科研究小组，共同研究工匠精神在不同学科中的应用与发展，开展跨学科课程设计和教学创新实践，提升工匠精神的传承与创新效果。

为教师提供合作平台和资源支持也是关键举措。学校可以建立教师合作平台，为其提供教学资源共享、创新项目申报、教学团队组建等支持。通过合作平台，教师可以寻找合作伙伴、分享教学资源和经验，共同参与教学创新和工匠精神的传承与创新活动。学校还可以提供必要的经费和设备支持，为教师合作项目提供资源保障，促进教师之间的深度合作和创新。

在建立专业社群和合作平台的过程中，学校和教育部门应该提供必要的支持和指导，例如，组织培训活动、提供专业指导和咨询服务、鼓励教师积极参与，并将其纳入教师评估和考核体系中，以确保这些平台的有效运行和发展。

（四）强化师德师风建设

教师是工匠精神的传承者和榜样，他们的师德师风对于学生的成长和发展产生着至关重要的影响。

加强对教师的师德教育是必不可少的，学校和教育部门应该制订并实施师德教育计划，向教师灌输正确的教育价值观和道德观念，培养教师的职业道德、职业责任和职业素养。通过教育活动、培训课程和师德讲座等形式，引导教师了解和践行工匠精神的核心价值观念，如专业精神、奉献精神、责任意识和持续学习的态度。师德教育应贯穿教师的整个职业生涯，不断强化教师的师德修养和教育理念。

高校还应建立相应的师德考核与评价机制。学校应制定师德考核标准和评价体系，对教师的师德表现进行定期评估和考核。师德考核不仅要关注教师的业绩和业务水平，而且要注重教师的职业道德和职业行为。将评价结果应用于教师的职称晋升、奖惩激励等方面，对于表现突出的教师给予表彰和激励，以形成积极向上的师德风尚。此外，可以通过教师互评、学生评教等方式，收集多元化的师德反馈和评价，给教师提供个人发展的参考和改进的方向。

另外，倡导教师树立正确的教育价值观和职业观。教师应当意识到自己的使命和责任，明确教育的本质和目标，以学生的全面发展为中心，以培养具有工匠精神的高素质人才为目标。教师要注重个人修养和职业道德，树立高尚的职业追求和道德操守，成为学生的良师益友和榜样。同时，学校和教育部门应加强对教师的政策引导和管理，明确教师的职业权利和职责，建立起公平、公正、透明的职业发展机制，激励教师发挥个人的才华和潜力。

学校和教育部门还应营造良好的教育教学氛围。学校应注重校园文化的建设，培育积极向上、团结互助的教育氛围。通过组织各类教育教学活动，如教学研讨会、教师分享会等，促进教师之间的交流与合作。学校还可以鼓励教师参与学科交流和研究合作，推动工匠精神的跨学科融合与传承。教师之间的交流与合作可以促进经验共享、教学互助，提升教学质量和工匠精神的传承与创新能力。

第三节　创新学生组织管理模式

一、创新学生组织管理模式的重要性

（一）有助于激发学生的创新精神和创业意识

创新学生组织管理模式的重要性在于有助于激发学生的创新精神和创业意识。传统的学生组织管理模式通常以活动的策划和执行为主，忽视了学生创新能力和创业思维的培养。然而，现代社会对于创新和创业能力的需求日益增长，学生需要具备开拓进取、敢于冒险、勇于创新的精神，以应对快速变化的社会和职业环境。

创新学生组织管理模式的关键在于鼓励学生自主创新。学生组织应提供一个自由开放的平台，让学生可以自由提出新的活动项目和方案。通过培养学生的创新思维和创造力，学生可以在组织中尝试新的想法和方法，解决问题，产生创新的成果。这种自主创新的过程不仅培养了学生的创新能力，还激发了他们的学习兴趣和自信心。

创新学生组织管理模式还应提供创业支持和资源，引导学生将创新的想法和项目转化为切实可行的创业行动。创业是一种将创新转化为实际价值的过程，而学生组织可以为学生提供必要的资源和支持，包括创业培训、导师指导、资金支持等。通过与校内外企业、创业孵化器等机构合作，学生组织可以为学生提供与创业相关的实践机会和资源，帮助他们在创新的道路上获得成功。

创新学生组织管理模式还可以通过促进学生之间的合作与交流，培养学生的创新精神与创业意识。传统的学生组织管理模式往往由少数学生负责决策和组织，其他学生则处于被动参与的状态，而创新学生组织管理模式鼓励学生之间的平等合作和共同决策。通过团队合作，学生可以充分发挥各自的优势，共同解决问题和实现创新。这种合作与交流的过程能够促进不同学科和专业之间的跨界合作与创新，更有效地培养学生的创新精神。

（二）能够培养学生的领导力和团队合作精神

创新学生组织管理模式能够培养学生的领导力和团队合作精神。这样的模式无法充分激发学生的主动性和团队协作能力。通过创新学生组织管理模式，可以采用更加平等、民主和合作的方式，鼓励学生参与决策和管理过程，培养学生的领导力和团队合作精神。例如，可以采用共同决策、分工合作、团队合作等方式，让学生在组织中发挥自身的才能和潜力，形成良好的协作氛围。

首先，创新学生组织管理模式可以鼓励学生参与决策和管理过程，培养他们的领导力。传统的学生组织管理模式往往由少数学生担任主要职位，而其他学生则处于被动参与的角色。这样的模式无法既激发学生的主动性和创造力，也无法培养他们的领导能力。因此，创新学生组织管理模式应该采用共同决策的方式，让所有成员都有机会参与决策过程。通过共同制定目标、制订计划和解决问题，学生可以学习领导力的核心概念和技能，如团队合作、沟通协调、决策制定等。

其次，创新学生组织管理模式可以促进学生的团队合作精神。在传统的学生组织管理模式中，学生的参与往往是零散的，缺乏有效的协作和合作机制。而创新的管理模式则鼓励学生进行分工合作和团队合作，让学生通过共同协作完成任务和项目。通过共同努力和合作，学生可以学习如何有效地与他人合作、协调工作和解决冲突，培养团队合作精神和合作能力。此外，通过团队合作，学生还可以学习、借鉴彼此的优点，形成良好的学习氛围和合作文化。

创新学生组织管理模式还可以给学生提供发展的多样化和资源支持。传统的学生组织管理模式往往局限于固定的活动和项目，缺乏多样性和创新性。而创新的管理模式鼓励学生提出新的活动项目和方案，并为他们提供必要的资源和支持。例如，学生可以通过创新的管理模式获得创业支持和资源，将创新的想法和项目转化为实际的创业行动。同时，创新的管理模式还应提供学生发展的多样化机会，如学术研究、社会实践、志愿者活动等，让学生得到全面的发展和成长。

（三）能够提供更加个性化和多样化的发展机会

创新学生组织管理模式能够提供更加个性化和多样化的发展机会，适应学生的不同需求和发展方向。传统的学生组织管理模式通常是固定的，学生只能选择参与已经设定好的活动和项目，无法充分发挥自己的个性和特长。而创新的管理模式则注重提供个性化的发展机会，让学生根据自己的兴趣、特长和目标选择适合自己的组织和项目。

创新学生组织管理模式可以为学生提供更加灵活和多样化的发展机会。学生的兴趣和特长各不相同，他们可能对不同领域的活动和项目有着不同偏好。通过创新的管理模式，学校可以提供多样化的学生组织和项目选项，让学生根据兴趣和目标选择参与的组织和项目。例如，学生可以选择参与学术研究组织、社会公益组织、文化艺术团队等，以及参与不同类型的项目，如科研项目、社会实践项目、创业项目等。这样的个性化选择能够更好地满足学生的需求，让他们在感兴趣的领域得到更深入的发展和探索。

创新的学生组织管理模式鼓励学生跨学科、跨专业地参与，促进领域间的交流和合作。传统的学生组织管理模式往往限制在特定的学科或专业领域，学生只能在自己所学专业范围内参与相关的组织和项目。然而，现实世界中的问题往往是跨学科的，需要不同领域的知识和能力的综合运用。通过创新的管理模式，学校可以鼓励学生跨学科、跨专业地参与不同类型的学生组织和项目，从而促进不同领域间的交流和合作。这样的跨领域参与能够培养学生的综合素质和跨领域的创新能力，让他们更好地适应未来的挑战和需求。

创新学生组织管理模式还可以给学生提供自主发展和创新的空间。而创新的管理模式则倡导学生主动参与和自主发展。学生可以参与组织的决策过程，提出新的活动项目和方案，发挥自己的创新思维和创造力。学校也可以提供资源和支持，帮助学生将创新的想法和项目转化为实际行动。这样的自主发展和创新空间能够培养学生的创新精神和创业意识，让他们在实践中锻炼自己的能力，实现自己的创新梦想。

（四）促进工匠精神的传承和创新

创新学生组织管理模式在大国工匠精神的传承和创新中具有重要作用，可以促进工匠精神的传承和创新。学生组织作为学生自主发展的平台，通过组织和参与各类活动和项目，可以使学生深入了解工匠精神的内涵和实践，锻炼学生解决问题的能力和创新思维，并培养其责任意识和团队合作精神。创新学生组织管理模式可以创造更加有利于工匠精神传承和创新的环境和机制，提供更多与工匠精神相关的活动和项目，鼓励学生在组织中践行工匠精神，发挥自己的创造力和实践能力。

创新学生组织管理模式可以提供更多与工匠精神相关的活动和项目。传统的学生组织管理模式往往局限于某些特定类型的活动，忽视工匠精神的全面发展。通过创新的管理模式，可以引入更多与工匠精神相关的活动和项目，涵盖不同领域和专业的实践机会。例如，可以组织学生参与工艺品制作、工程项目的设计与实施、创业创新比赛等，让学生在实践中体验和体会工匠精神的精髓。这样的活动和项目能够帮助学生深入理解工匠精神的要义，培养其实践能力和责任意识。

创新学生组织管理模式可以鼓励学生在组织中践行工匠精神。传统的管理模式往往偏重组织的策划和执行，学生的参与主要是被动的。然而，工匠精神的传承和发展需要学生在实践中主动践行，发挥自己的创造力和实践能力。通过创新的管理模式，可以为学生提供更多自主决策和自我管理的机会，激发他们的创新精神和主动性。例如，可以引入学生自治机制，让学生参与组织的决策和规划，自主负责活动的组织和实施。这样的参与能够培养学生的领导力和团队合作精神，激发他们的创新思维和创业意识。

此外，创新学生组织管理模式可以提供学生展示和实践工匠精神的平台。传统的管理模式往往缺乏对学生实践成果的有效展示和宣传，使学生的努力和成果难以得到充分的认可和肯定。通过创新管理模式，可以建立相应的评估和奖励机制，充分肯定学生在组织中展示和实践工匠精神的成果。例如，可以设立相关奖项，表彰在工匠精神的传承和创新方面有突出贡献的学生。这样的激励机制能够激发学生的积极性和创造力，促进他们在组织中更加积极地践行和发展工匠精神。

二、创新学生组织管理模式的路径

（一）鼓励学生参与管理

学生参与决策是创新学生组织管理模式中的关键要素，可以激发学生的主动性和责任感，提高他们在组织中的参与度和归属感。以下是一些丰富与扩展的观点，关于学生参与决策的重要性和实施路径：首先，学生参与决策可以培养他们的领导能力和团队合作精神。通过参与决策过程，学生可以学习如何与他人合作、协商和取得共识，这对于他们未来的职业发展和社会交往具有重要意义。其次，学生参与决策可以提高他们的主动性和责任感。当学生有机会参与组织的决策时，他们会更加投入和关注组织的发展，对组织的未来有更强的责任心。最后，学生参与决策可以提高组织的活力和创新力。学生代表可以带来新鲜的观点和想法，推动组织的创新和发展。

为了实施学生参与决策的路径，可以采取以下措施：首先，建立学生代表制度，通过选举或申请的方式，选出学生代表参与组织的决策过程。这些学生代表应该代表广大学生的利益，能够积极反映他们的需求和意见。其次，建立有效的沟通渠道，让学生有机会了解组织的情况和决策的背景，充分表达自己的意见和建议。同时，可以通过定期的会议、座谈会或在线平台等形式进行交流和讨论。最后，提供培训和支持，帮助学生代表提升决策能力和领导素养，使他们能够更好地履行自己的角色。

在学生参与决策的过程中，还需要注重以下几个方面：首先，确保决策的透明度和公正性。学生代表应该了解决策的背景、相关数据和利害关系，确保决策的过程是公开和公正的。其次，注重学生的参与感和归属感。学生代表应该感受到自己的意见被认真听取和重视，自己的贡献应该得到承认和肯定。最后，及时反馈和评估决策的结果。学生代表应该知道自己的意见对于组织的决策有何影响，及时了解决策的结果和影响，从中学习和成长。

（二）引入激励机制

引入激励机制是创新学生组织管理模式的重要路径之一，可以激发学生的积极性和创新精神，推动学生组织管理的发展和创新。以下是对引入激励机制的丰富与扩展。

建立奖励机制可以有效激发学生的积极性和创新精神。通过表彰和奖励优秀的学生组织和个人，可以让学生感受到自己的努力和贡献得到了认可和肯定。这种肯定和激励可以激发学生的内在动力，从而进一步激发他们的创新潜能和领导才能。奖励包括荣誉称号、奖学金、实践机会等，以满足学生的不同需求和激励方式。奖励机制可以促进学生组织管理的创新和发展。通过奖励优秀的学生组织，可以鼓励学生组织在活动策划、项目执行、资源管理等方面进行创新和尝试。这种创新能够推动学生组织管理模式的不断更新和改进，提升组织的活力和竞争力。同时，奖励也可以激发学生个人的创新精神和领导能力，鼓励他们提出新的想法和方案，推动学生组织的发展和进步。奖励机制还可以促进学生之间的交流和合作。这种交流和合作可以促进学生之间的相互学习和借鉴，推动创新的跨学科和跨专业合作。同时，奖励机制也可以为学生组织提供更多资源和支持，促进他们在活动策划、项目执行等方面的合作和协同，培养团队合作精神和组织能力。

奖励机制应该具有公正、透明和可持续的特点。奖励的评选过程应该公正透明，遵循明确的评选标准和程序。奖励的结果应该能够持续激励学生的创新和努力，不仅关注短期的成绩和表现，而且注重长期的发展和影响。同时，应该建立有效的监督和评估机制，确保奖励机制的有效运行和公正性。

（三）多样化设计活动

多样化的活动设计是创新学生组织管理模式的重要方向之一。传统的学生组织活动往往局限于某一领域或类型，缺乏多样性和综合性。通过创新学生组织的活动设计，可以提供多样化的活动形式和内容，满足学生的不同需求和兴趣。以下是对多样化活动设计的丰富与扩写。

首先，多样化的活动设计可以促进学生的全面发展。学生组织可以开展学术研讨会、讲座、学科竞赛等活动，为学生提供学术交流和学科深化的机会。同时，可以开展实践实训活动，包括实习、实训、社会调研等，让学生通过实践锻炼技能和应用理论知识。此外，社会服务活动也是多样化活动设计的重要组成部分，应该让学生参与社会实践和公益活动，培养责任感和社会意识。

其次，多样化的活动设计可以培养学生的跨学科能力和创新思维。学生组织可以鼓励学生尝试新领域的活动和项目，跨越学科边界，促进不同学科之间的交流与合作。例如，可以组织跨学科的团队项目，让学生从不同学科的角度思考和解决问题，培养学生跨学科的综合能力。同时，多样化的活动设计也可以激发学生的创新思维，提升学生的创新能力。

再次，多样化的活动设计可以提升学生的自主性和参与度。高校可以通过丰富学生活动的类型与组织开展形式，为学生提供多样化的选择，同时，在活动组织的过程中，也要鼓励学生提出自己的想法和建议，参与活动的策划和决策过程。

最后，多样化的活动设计应该注重活动的质量和效果。活动的设计应考虑学生的实际需求和兴趣，注重活动的实践性和创新性。组织方应提供相应的资源和支持，确保活动的顺利进行和有效实施。同时，对活动的质量和效果要进行评估和反馈，及时调整和改进活动设计，提升活动的影响力和吸引力。

（四）建立沟通与反馈机制

建立沟通和反馈机制是创新学生组织管理模式的关键要素之一。传统的学生组织管理模式中，学生组织与教师、校方之间的沟通往往比较有限，学生组织的需求和问题无法及时得到反馈和解决。通过建立有效的沟通和反馈机制，可以促进学生组织与教师、校方之间的密切合作，共同推动大国工匠精神的传承和创新。以下是对建立沟通和反馈机制的丰富与扩写。

首先，需要建立学生组织与教师和校方之间的定期沟通渠道。学生组织可以与教师和校方约定定期会议或讨论的时间，就组织管理中的问题和需求进行交流和反馈。这种沟通机制可以帮助学生组织及时了解教师和校方的期望和要求，提出自己的想法和建议，共同制定改进和发展的方向。同时，教师和校方也可以通过这种渠道了解学生组织的运作情况和需求，提供必要的指导和支持。

其次，需要建立学生组织与教师和校方之间的在线平台或社交媒体群组。通过在线平台或社交媒体群组，学生组织可以随时与教师和校方交流和反馈。学生可以通过这些平台向教师和校方提出问题、分享经验和建议，并得到及时的回复和指导。教师和校方也可以利用平台向学生组织传达信息、提供支持和回应问题。这种在线沟通渠道的建立可以提高沟通的效率和便捷性，从而促进学生组织与教师和校方之间的密切联系。

再次，需要建立学生组织的反馈机制，让学生有机会向教师和校方反馈自己对组织管理的看法和建议。学生可以通过定期的反馈调查、意见箱或面谈等方式表达自己的意见和需求。教师和校方可以根据学生的反馈意见，有针对性地改进组织管理模式、解决问题和提供更好的支持。这种反馈机制的建立有助于建立起学生组织与教师和校方之间的良好互动和合作关系，推动大国工匠精神的传承和创新。

最后，各方应充分合作，建立和完善学生组织的评估机制，定期对组织管理的效果和成果进行评估和反馈。教师和校方可以通过对学生组织的评估，对组织的运作情况、活动质量和成员满意度进行综合评价。评估结果可以向学生组织反馈，指出优点和改进的方向，帮助学生组织不断提升管理水平和服务质量。同时，评估结果也可以为教师和校方提供参考，了解学生组织的发展情况和需求，为改进管理模式和提供支持提供依据。

第四节　加强校园物质精神环境建设

一、校园环境概述

（一）校园环境的内涵

学校作为教学活动开展的主要场所，对于学生的成长和发展具有重要影响。校园环境是校园文化的重要组成部分，由物质环境和精神环境构成。其中，物质环境主要包括学校的建筑、设施、花草树木、硬件配套等；精神环境主要包括办学理念、校风、学风、教风、人际环境等。

校园环境对于学生的心理和行为产生具有重要影响。良好的校园环境可以促进学生身心的健康发展，使学生沐浴在美的氛围中，充分调动学生的积极性和主动性，提升学习效率，有利于学生良好学习习惯的养成。相反，不健康的校园环境会对学生的成长和发展产生十分不利的影响。学生的身心健康是其正常学习、生活、交往、发展的前提和基础，校园环境的好坏直接影响学生心理健康的发展，因此，校园环境的建设必须得到充分的重视。

（二）校园环境的特征

校园作为学生学习和生活的场所，具有重要的教育功能，对于学生的成长与发展具有十分重要的影响，校园环境的特征主要包括以下几个方面。

1.直观性

校园环境是形象的、具体的、直观的，无论是校园物质环境，还是校园精神环境，都是能被学生直观感受到的。物质环境自不必说，是以具体形象呈现在学生面前的，学校的精神环境也是蕴含于具体的物质环境和人与人之间的互动交流之中的，是能被学生明确感知的。比如，良好的校园环境既体现在校园建筑、设施和花草树木的美观上，也体现在良好的校风、浓郁的学风、和谐的人际关系和友好的师生关系上。

2. 教育性

学校的主要任务是为学生的成长与发展提供教育场所与教育资源，整合不同类型的教育要素，为社会的发展源源不断地提供高素质人才。因此，教育性是校园环境最为显著的特性之一。

校园环境的教育性指的是不同类型的学校环境文化对于学生积极的情感熏陶以及潜移默化的教育作用。相比课堂教学，学校环境文化拥有更为广阔的教育内容与教育空间，蕴含着丰富的教育元素，学生置身其中，能够在获得愉快的审美体验的同时，得到德、智、体、美、劳全方位的教育，在教育性的校园环境影响之下，学生的世界观、人生观、价值观以及情感态度会受到潜移默化的影响。

3. 多样性

根据观察角度的不同，校园环境呈现出多样化的特点，因此，校园环境具有多样性，主要体现在以下几个方面。

第一，校园环境的多样性体现在不同学校的环境差异上。学校环境建设没有统一标准，不同的学校在环境建设上的思路有所不同，有的学校秉持严谨的办学理念，其建筑风格与绿化设计就会整齐、严肃，具有一种工整美；有的学校崇尚自由的学风，其建筑风格与校园设计就会充满活泼、奔放的气息。

第二，校园环境的多样性体现在学校的治学理念上。秉持不同治学理念的学校在课程开展方式、教学计划、课程安排以及学生的管理上都会有所不同，从而形成不同类型的学校精神环境。

第三，校园环境的多样性由于考察标准的不同而有所不同。我们考察一个学校的校园环境时，有时会看它的物质环境，有时会看它的精神环境；有时会看它的室内环境，有时会看它的室外环境；有时会看它的自然环境，有时会看它的社会环境。观察的角度不同，校园环境就会呈现不同的面貌、展现多样性的特点。

4. 实用性

实用性同样是校园环境的重要特性之一。校园环境以满足学校师生的实用需要为重要原则，以发挥教育功能为重要特性，学校作为一个承担为社会培养人才任务的实体性空间，环境物质条件是其根本。无论是校园整体环境的美化，还是具体教学设施的建设，都应以实用性为第一考量，要使其物有所用，能够对教育活动起到积极的促进作用。

5. 结构性

结构性指的是学校环境中各要素的整体布局在结构上应科学、合理。学校环境中各要素不是随意设置的，而是根据学校的办学理念以及实际用途，有机组合成一个结构鲜明、美观协调的整体布局。这种整体布局需要做到不同功能区合理搭配、分布妥当、景观搭配和谐，各要素协调、统一、美观。

6. 发展性

时代是不断变化和发展的，为了适应时代的要求，教育的理念、内容、模式等要素同样会不断变化和发展，作为教育开展的主要环境，校园环境也会随着教育的发展而产生变化，既包括教学设施的更新换代，也包括学校面貌的焕然一新。校园环境的变化能产生新气象、体现新理念、带来新发展，为教育的开展注入新活力。

二、大国工匠精神传承与创新中校园物质精神环境建设的意义

（一）营造良好的学习和实践的场所

校园物质精神环境的建设对于大国工匠精神的传承与创新具有重要意义。其中，提供学习和实践的场所是校园物质精神环境中的重要方面。学校可以建设各种专门的实验室、工作室、创客空间等，为学生提供进行实践和创新活动的场所，以及实践和创新的平台。这些场所不仅为学生提供了必要的设备和材料，还营造了学生交流合作的氛围。学生可以在这些场所中与同学、教师一起合作开展项目，共同探索和实现自己的创新想法。这种学习和

实践的环境培养了学生的实践能力、创新精神和团队合作意识，为大国工匠精神的传承与创新奠定了坚实的基础。

（二）激发学生的创造力和创新意识

校园物质精神环境的建设对于激发学生的创造力和创新意识具有重要作用。学校可以提供艺术工作室、科技实验室、图书馆等资源，为学生创造一个富有创造性和创新性的学习环境。这些资源的提供不仅为学生提供了丰富的学习资源，还为他们提供了交流和合作的平台，激发了他们的创造力和创新意识。

艺术工作室是激发学生创造力和创新意识的重要场所。学校可以提供绘画工作室、音乐工作室、舞蹈工作室等，为艺术类学生提供一个自由发挥的空间。在工作室中，学生可以尽情表达自己的创意和想法，通过绘画、音乐、舞蹈等形式将内心的世界展现出来。艺术工作室的开放性和灵活性鼓励学生的自由创作，培养他们的创造力和艺术表达能力。

科技实验室也是激发学生创造力和创新意识的重要场所。学校可以建立计算机实验室、机械实验室、生物实验室等，为科技类学生提供一个实践和探索的空间。在实验室中，学生可以利用各种设备和工具进行实验和研究，发掘新的科技应用和解决方案。科技实验室的设备和资源为学生提供了尝试和实践的机会，培养了他们的创新思维和科学精神。

图书馆也是激发学生创造力和创新意识的重要场所。学校应提供宽敞舒适的图书馆环境，以及丰富的书籍和电子资源。在图书馆，学生可以自由阅读各类书籍，获取知识和信息，拓宽自己的视野。另外，图书馆也是学生进行研究和学术探索的场所，学生可以通过阅读文献和资料，展开自己的研究项目和创新思考。

通过提供艺术工作室、科技实验室、图书馆等资源，学校为学生创造了一个富有创造力和创新意识的学习环境。这些环境的创设激发了学生的自主学习和探索精神，培养了他们的创造力、创新意识和问题解决能力。同时，这些环境也为学生提供了交流和合作的机会，促进了学生之间的互动和学术交流。通过与同学们的交流和合作，学生可以从不同角度获取灵感和启发，从而进一步激发他们的创造力和创新意识。

（三）传递和弘扬工匠精神的价值观

校园物质精神环境的设计和建设对于传递和弘扬工匠精神的价值观具有重要意义。学校可以通过建筑设计、环境布局等方式，体现工匠精神所倡导的品质、责任，以及追求卓越的价值观。这样的设计不仅是校园的装饰，更是对工匠精神的诠释和传达。

学校应注重建筑的功能性和美观性，营造一个注重细节和品质的校园环境。建筑物的设计应符合实用性和美学的要求，体现工匠追求卓越的态度。建筑物的细节设计和施工工艺应精益求精，展现工匠的技艺和匠心。这样的校园环境不仅可以为师生提供舒适和优美的学习及生活空间，还能激发师生对工匠精神的认同和追求。

学校也可以通过环境布局来传递工匠精神的价值观。校园的道路、花园、广场等场所的布局可以展现工匠对细节和整体的关注，注重规划和协调。例如，规划合理的道路和步行街可以提供便捷的交通流线，营造舒适的校园环境；精心设计的花园和广场可以创造愉悦的休憩和交流场所。这样的环境布局不仅为师生提供了舒适和宜人的校园环境，也体现了工匠精神中对整体规划和细节关注的价值观。

学校还可以通过艺术装饰和雕塑等方式，营造校园环境中的艺术氛围，传递工匠精神的美学追求。艺术装饰可以雕塑、壁画等形式展现工匠的技艺和创造力，让师生在校园中感受工匠精神的独特魅力。这样的艺术装饰不仅可以提升校园环境的美感，还可以激发师生的审美情趣和创造力，培养他们对工匠精神的尊重和崇敬。

（四）提供丰富的学习资源和实践机会

校园物质精神环境的建设不仅能够提供丰富的学习资源，还可以为学生创造更多实践的机会和平台，进一步促进他们的专业发展和创新能力的提升。

学校可以建设各类实验室和科研中心，为学生提供实践学习的场所和设备。这些实验室可以配备先进的科学仪器和设备，供学生进行实验研究和科学探索。例如，学校可以建设化学实验室、生物实验室、物理实验室等，为学生提供实验探究的条件，培养他们的实验技能和科学研究能力。这样的实验室环境能够让学生身临其境地感受科学实践的乐趣，激发他们的创新思维和科学精神。

学校可以建立创新基地和创业孵化中心，为学生提供创新和创业的支持和平台。创新基地可以提供创新资源和创业指导，帮助学生实现创新想法和创业梦想。学校可以引入行业合作伙伴和创业导师，提供专业的指导和支持，培养学生的创新意识和创业能力。创新基地的建设还可以为学生提供丰富的实践机会，让他们在实际操作中学习并应用工匠精神，锻炼解决问题的能力和创新精神。

学校还可以建设实训中心和实践基地，为学生提供实际工作和实践经验的机会。例如，学校可以与相关行业合作，建立实训基地，让学生在实际工作场景中进行实践学习，使学生接触真实的工作环境和业务流程，了解工匠精神在实际工作中的应用和重要性。学生可以通过与实际工作人员的交流和合作，学习专业技能和工作方法，培养职业素养和责任意识。

通过提供丰富的学习资源和实践机会，校园物质精神环境的建设为学生创造了更多学习和实践的平台。学生可以在平台上进行知识的应用与实践，锻炼解决问题的能力和创新精神，进一步提升自己的专业发展和创新能力。同时，激发学生对工匠精神的理解和体验，使其在学习和实践中感受工匠精神所带来的挑战和成就感。

三、大国工匠精神传承与创新中校园物质精神环境建设的路径

（一）打造良好的学习和实践环境

打造良好的学习和实践环境是大国工匠精神传承与创新中的重要一环。学校应该致力于改善校园内的学习和实践场所，为学生提供舒适、安全、设施齐全的环境，激发他们的学习兴趣和创造力。

学校应注重图书馆的建设。图书馆是学生获取知识和开展研究的重要场

所。学校可以扩大图书馆的面积，增加图书和电子资源的种类和数量，满足学生不同学科领域的学习需求。此外，图书馆应提供舒适的学习环境，配备宽敞的阅览区、安静的自习室和先进的学习设施，为学生提供良好的学习氛围和学习体验。学校应该加强实验室、工作室和创客空间的建设，这些场所是学生进行实践和创新活动的关键。学校可以投资更新实验设备，提供先进的工具和技术支持，让学生能够进行真实的实验和创作。同时，工作室和创客空间应提供充足的空间和资源，供学生进行各类创新项目和实践活动，这样的环境可以激发学生的创造力和实践能力，培养他们解决问题的能力和创新思维。在学习和实践过程中，需要一个安全、舒适的环境才能更好地发挥自身的潜力。学校应加强设施和设备的维护，确保学生的安全和健康。同时，学校还应考虑环境的安全和舒适性，为学生提供舒适的学习和实践空间，包括舒适的座位、充足的照明和通风等，为学生提供良好的学习和实践体验。

学校还应充分利用信息技术，为学生提供便捷的学习和实践工具。学校可以建设在线学习平台和虚拟实验室，使学生在任何时间、任何地点进行学习和实践。同时，学校还应提供先进的电子设备和软件工具，支持学生进行信息检索、数据分析和项目管理等活动，拓宽学生的学习和实践方式，促进他们在工匠精神传承与创新中的发展。

（二）加强校企合作

加强校企合作和行业合作是大国工匠精神传承与创新中的重要途径之一。通过与企业和行业的紧密合作，学校可以为学生提供更加贴近实际的学习和实践机会，以及与工匠精神相关的真实工作体验和实际问题解决的机会。

学校可以与企业建立校企合作项目。通过与企业合作开展项目，学生可以参与真实的工作任务和项目，与企业员工一起合作解决问题，锻炼实践能力和创新思维。在与企业合作的过程中，学生可以了解工匠精神在实际工作中的应用，感受到工匠对工作的热爱和追求卓越的精神，从而更好地传承和发扬工匠精神。学校也可以积极开展行业实践活动。与行业合作可以为学生提供更多与实际工作相关的机会，例如，企业参观、实习实训、行业讲座等。通过参与行业实践活动，学生可以深入了解行业的发展现状、技术前沿和实际需求，更好地培养实践能力和创新思维。此外，与行业合作还可以促进学校与行业之间的互动和交流，加强双方的合作关系，为学生的就业和职业发展提供更好的支持。

除了校企合作和行业合作，学校还可以积极开展与社会组织和社区的合作。通过与社会组织和社区的合作，学生可以参与社会服务项目和公益活动，了解社会问题，锻炼团队合作和社会责任意识。社会组织和社区合作可以为学生提供更广阔的实践平台，培养学生的创新能力和社会意识，进一步推动大国工匠精神的传承与创新。

此外，学校还可以加强与专业协会和行业组织的合作。与专业协会和行业组织的合作可以为学生提供更多学术交流和专业发展的机会，促进学生与行业专家和从业者的互动和交流。通过参与专业协会和行业组织的活动，学生可以了解行业的最新动态和前沿技术，拓宽专业视野，为将来的职业发展打下坚实的基础。

（三）注重建筑设计和校园规划

注重建筑设计和校园规划是大国工匠精神传承与创新的重要路径之一。学校作为学生学习和成长的场所，其建筑设计和校园规划直接关系师生的学习环境和精神氛围。通过注重建筑设计和校园规划，学校可以体现工匠精神所倡导的品质、责任，以及追求卓越的价值观，激发师生对工匠精神的认同和追求，营造积极向上的学习氛围。

注重建筑设计和校园规划可以营造美观、功能性和人文关怀并重的校园环境。学校建筑的美观性和功能性是提升师生对学校环境的满意度和归属感的重要因素。美观的建筑设计可以激发师生的审美情趣和艺术鉴赏能力，提升他们对美的追求和创造力。同时，功能性建筑设计可以满足师生的学习和生活需求，为他们提供舒适、安全、便捷的学习和生活空间。人文关怀的校园规划可以注重人与自然、人与人、人与文化的和谐关系，强调对师生的关怀和尊重，营造温馨、宜人的校园环境。注重建筑设计和校园规划还可以体现工匠精神所倡导的品质和责任。工匠精神强调对细节和品质的追求，以及精益求精和精神层面的满足。在建筑设计和校园规划中，学校应注重细节的处理，从建筑材料的选择到空间布局的设计，力求精心打造每一个细节，体现对品质的追求和对工匠精神的追求。同时，学校也应当承担起保护环境的责任，注重生态环境保护和可持续发展，倡导绿色建筑和可持续校园的建设，体现对社会和未来世代的责任担当。

此外，注重建筑设计和校园规划还可以通过传达校园文化和教育理念，引领师生对工匠精神的追求和实践。学校可以通过校园建筑的设计和规划体现学校的办学理念、教育价值观和文化传承。例如，可以在校园中设置雕塑、纪念碑等艺术作品，展示学校的历史和成就，激励师生对工匠精神的理解和追求。同时，学校还可以在校园中设置一些富有教育意义和文化内涵的场所，如纪念馆、艺术中心、文化广场等，为师生提供丰富的学习和文化交流的场所，从而进一步培养他们的文化素养和工匠精神。

第六章　大国工匠精神与大学生创新能力培养

第一节　创新思维与创新能力

一、创新思维的内涵与特征

（一）创新思维的内涵

创新思维是一个相对的概念，是相对于常规思维而言的一种思维方式，创新思维是指发现、发明前人和同时代人所不曾创立的理论、知识、技术、方法、实物、模型等的思维活动和思维结果。创新思维是综合运用多种思维方式于思维过程的一种思维活动。这些思维方式包括直觉、灵感、类比、想象、联想、形象思维、逻辑思维和模糊思维等。而且，许多非理性因素和心理过程也参与到创新思维的活动中。

创新思维即创造性思维，是与常规性思维相对而言的。创新思维的内涵也是在与常规性思维的比较中得到的。常规性思维指的是利用已有的知识与经验去思考和解决问题，而创新思维则不同，其不被已有的知识与经验所约束，人们可以根据客观实践条件，灵活运用自己所掌握的知识，创造性地思考和解决问题。

创造性思维与常规性思维的区别主要表现在两个方面：一方面，从思维过程来看，常规性思维重视普遍有现成的经验、规律或方法可以遵循，而创造性思维普遍不是按照既有的经验与规律展开的。另一方面，从思维结果来看，常规性思维的思维成果一般是已经存在的理论或实践成果，只有思维成果是前所未有的，才是创造性思维。

（二）创新思维的特征

创新思维具有鲜明的特征，是由其本质和内涵造就的，创新思维主要有以下几个特征，如图 6-1 所示。

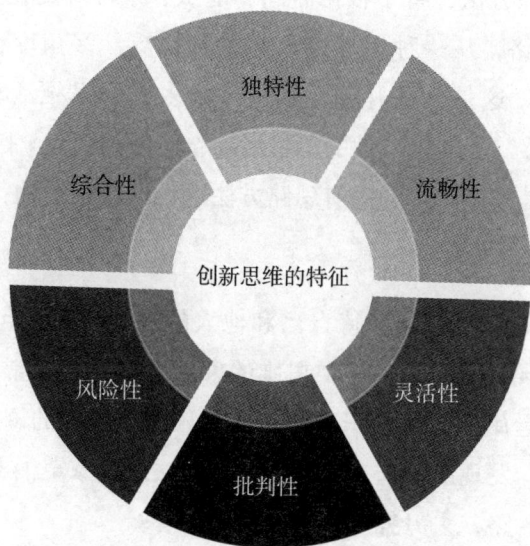

图 6-1　创新思维的特征

1. 独特性

思维的独特性，又称思维的独创性、新颖性或求异性，是指在思路的探索上、思维的方式、方法上和思维的结论上独具卓识，能提出新的创见，有新的发现，实现新的突破，具有开拓性和独特性。创新思维所要解决的问题一般没有现成的答案，因此不能用常规、传统的思维方法加以解决。它要求创新主体以独立思考、大胆怀疑、不盲从、不迷信权威为前提，能超出固定的、习惯的认知方式，重新组织，以前所未有的新角度、新观点认识事物，提出不为一般人所有的、超乎寻常的新观念。

2. 流畅性

所谓流畅性，又称非单一性或综合性，是思维对外界刺激所做出的一种反应，通常用思维的量来衡量，要求思维活动畅通无阻、灵敏迅速，能在短时间内表达较多的概念。一般来说，表达的概念越多，说明思维的流畅性越好。

3. 灵活性

所谓思维的灵活性，又称变通性，是指思路开阔，不局限某种固定的思维模式、程序和方法，善于根据时间、地点、条件等变化，迅速从一种思路跳到另一种思路，从一种境界进入另一种境界，多角度、多方位地探索问题、解决问题。这是一种开创性的、灵活多变的思维活动，并伴随"想象""直觉""灵感"等非规范性的思维活动，能做到因人、因时、因事而异。常规性思维一般是按照一定的固有思路方法进行的思维活动，缺乏灵活性。

4. 批判性

敢于用科学的怀疑精神对待自己和他人的原有知识，包括权威的论断。思维的批判性体现在敢于冲破习惯思维的束缚，敢于打破常规，敢于另辟蹊径、独立思考。运用丰富的知识和经验，充分展开想象的翅膀，这样才能迸射出创造的火花，发现前所未有的东西。正如法国作家莫泊桑说："应时时刻刻躲避那走熟了的路，去另找一条新的路。"

5. 风险性

创新思维的核心是创新突破，而不是过去的重复再现，往往没有成功的经验可以借鉴，也没有有效的方法可以套用。因此，创造性思维的结果不能保证每次都成功，有时可能毫无成效，有时也可能得出错误的结论。这就是创新思维的风险性。

6. 综合性

综合性并不是简单的拼凑与堆积，而是将众多优点集中起来进行协调、兼容和创造。

创新思维的综合性和概括性是指善于选取前人智慧宝库中的精华，通过巧妙结合，形成新的成果，能把大量的概念、事实和观察材料综合在一起加以抽象总结，形成科学的结论和体系；能对拥有的材料进行深入分析，把握其中的个性特点，并从这些特点中概括出事物的规律。

二、创新思维的类型

（一）发散思维与集中思维

发散思维与集中思维是对立统一的，两者在思维逻辑上相反，在整个创新思维的过程中相辅相成。发散思维指的是个体在思考问题时，思路呈扩散状，思维视野广阔，思维路径多样化，能够多角度、多方位、多层次地对问题展开分析，这种思维方式有利于观念的自由发挥，具有流畅性、变通性、灵活性与独特性。

我们从发散思维的特点出发，能够更好地理解其内涵。首先，发散思维具有流畅性，集中体现在发散思维可以帮助人们在短时间内表达出尽可能多的思维观念，更好地接受和适应新概念。其次，发散思维具有变通性特点，变通性指的是人们可以通过借助类比、转化的方式触类旁通，使思维沿着不同的方面扩散和发展，克服人们头脑中僵化的观念，使思维呈现丰富性与多样性。再次，发散思维具有灵活性，没有既定的模式和条条框框的限制，因此无论是思维过程，还是思维结果，都表现出较强的灵活性。最后，发散思维具有独特性，由于个体之间存在差异，因此，个体的发散思维同样会展现出鲜明的独特性，而人们通过发散思维可以探寻异于他人的思路。

集中思维，又称为求同思维或聚敛思维，与发散思维正好相反，是一种将思路回收、集中的思维方式。集中思维的特点是在众多线索中探寻结论，在纷繁复杂的材料中寻求答案，将发散思维拓展出去的思路再收拢回来，形成一个核心的思路，由此可以看出，集中思维是一个求同的过程。

发散思维与集中思维又可以分为以下三种思维模式：一是破旧立新。原始创新是最彻底、最有效的创新方法，不破不立，破字当头，立在其中。对旧事物进行全盘否定，用新事物取而代之，从而取得面貌一新、不留痕迹的结果。二是集旧成新。集旧成新的思维模式指的是面对已经存在的许多事物，包括理论、方案、技术和产品等，运用发散思维把它们的共同点和不同点以及相互关联之处等逐一找出来。再运用集中思维从杂乱无章的现象中理出一个同一的规律，求同存异、去伪存真、由表及里、相互渗透。最后把它们重新组合成一个协调一致的新整体。三是推陈出新。世界上的万事万物都有一个不断发展变化的过程。新事物可随着时光的流逝而演变为旧事物，旧事物也可以发展变化成为新事物。有些旧事物因时代的变化而失去了自身存在的价值，成为破旧立新的对象。虽然有些旧事物已经陈旧，但仍不失其存在的价值，经过更新换代或改进、变革之后，又成为新事物，这便是推陈出新的创新思维模式。

（二）逆向思维

逆向思维，也称求异思维或反向思维，指的是从反面或者对立面提出问题和思考问题的一种思维方式，这种思维方式能够"反其道而行之"，以背离常规的方法来解决问题，为人们提供解决问题的新思路。

按照人们思路的延伸方向，人们的思维活动可以分为正向思维与逆向思维两种。正向思维是沿着人们的普遍认知和习惯性的思考方式，由因到果思考问题，这种思维方式比较直接、有效，在解决常规问题时具有明显的效果。由于正向思维符合人们的认知规律与思维习惯，因此，更容易被人们理解和接受。但是，正向思维并不是完美无缺的，而是存在着一定的不足，集中表现在对于疑难问题的处理和指导创新两个方面。

正向思维是一种符合人们思维习惯的行为，但局限在思维起点有限的认识范围，难以掌控思维过程中的诸多变数，而未能对整体事件进行更为全面客观的认识。因此，需要创新时，正向思维这种常规的思维方法不仅不能解决问题，还会限制人们的思路，影响其创造性。如果善于转换视角，从逆向去探求和思考，也就是采用逆向思维，往往会引发新的思索，产生超常的构思和不同凡俗的新观念。

由于逆向思维与人们的思维习惯相反，因此，逆向思维的思维过程本身就是一个求新、求异的过程，具有创新的特征。从创新的内涵出发考察逆向思维，创新本身就是一种创造性的活动，高于人们普遍认知和思维习惯，但又符合实践发展规律和事物发展方向的一种创造行为，创新的过程是对原有思维模式的一种突破，与逆向思维求新、求异的特性十分契合，许多创新的思路都是通过逆向思维产生的，由此可见，逆向思维是创新思维的重要组成部分。

（三）形象思维

概括起来，人的思维能力主要有两种，即逻辑思维能力和形象思维能力。逻辑思维能力较为抽象，形象思维能力较为开放。相比逻辑思维能力，形象思维能力侧重于直觉、灵感与创造，是思维原创性的主要源泉。

关于对形象思维概念的界定，俄国著名文学批评家维萨里昂·格里戈里耶维奇·别林斯基（Vissarion Grigoryevich Belinsky）采用了"寓于形象的思维"和"用形象来思考"的提法，这也是较早关于形象思维的观点。① 形象思维是在形象地反映客观事物形态的感性认识基础上，通过联想和想象来揭示对象的本质及其客观规律的思维形式。

形象思维的思维内容是具体的形象，这种思维是人与生俱来的一种本能思维，其支柱是直观的形象与表象。在思考和解决问题时，形象思维注重对于事物表象的判断与取舍。形象思维是相对于抽象思维而言的，抽象思维属于理性认识阶段，凭借抽象的概念反映事物的本质，随着人们的成长和接受教育程度的提升，抽象思维的地位不断提升，但是形象思维对于艺术创作与创新实践具有重要的促进作用。

形象思维是依托具体形象而展开的，直观、具体的形象是形象思维的基本材料和对象。形象思维与抽象思维不同，其注重于对客观事物的直观反映，在形象思维的整个过程中离不开具体可感的形象。形象思维是通过联想、类比等形式，将大脑中所形成的许多意象联系起来，反映、表现客观事物、社会生活。形象思维具有许多显著的特点，具体包括以下几个。

其一，形象思维具有想象性。想象性在形象思维中起着决定性作用。想

① 刘细发.创造性思维概论 [M].南昌：江西高校出版社，2019：92.

象指的是人们将感知的表象通过头脑的加工形成新的形象的过程，属于一种高级的认知过程。想象既可以是根据已有形象在头脑中构建新形象的过程，也可以是通过一系列线索构建不在眼前的事物具体形象的过程。

想象是自由奔放、不受时空所限制的，人们通过想象，既可以使思维穿梭于历史长河，徜徉于过去与未来，也可以在同一时间跨越山海，纵横苍茫宇宙。人们对于形象思维的研究很多是从对想象的研究开始的。想象性是形象思维能够帮助人们开展创新活动的关键因素，有了想象，人们才能不拘泥于现实，充分拓展思路，在对实践具有充分认知的基础上，赋予思维一定的前瞻性，引领实践的发展。许多创新性实践都离不开想象力，比如，大量的发明创造是人们根据实践需求、充分发挥想象力，并利用技术手段将其落实的成果。

其二，形象思维具有情感性。人们在展开形象思维的过程中渗透着强烈的审美感情色彩。人们在感知事物的具体形象时，首先会对事物产生审美情感与审美判断，这种审美情感的产生多是一种大脑对于客观对象的直接反映，而不是经过逻辑加工后的缜密分析，因此具有浓烈的主观感情色彩。

其三，形象思维具有粗略性。形象思维是人对外界信息产生的一种直观印象，因此，形象思维是一种非逻辑性的思维，它可以是跳跃的、非连续的、跨界的，也正是因为这种非逻辑性，使得形象思维对于客观对象的反映是一种整体的、粗线条的。

粗略性的特征决定了形象思维能够有更大的思维拓展空间，能够帮助人们拓宽思路，不拘泥于对客体本身属性的深入挖掘，而是在对事物性质有一个总体了解的情况下扩展思维。

（四）直觉思维与灵感思维

直觉思维与灵感思维指的是基于自身的知识、阅历，或由于自身思维的刺激，或由于外界信息的刺激而进行的一种快速、顿悟型的思维。直觉与灵感思维是逻辑性与非逻辑性相统一的理想思维的过程。

直觉思维与灵感之间同样既有联系，又有区别，两者的联系表现在两者都具有突发性和不可预见性，即两种思维的产生都具有一定的随机性，且两种思维都是大脑在收到一种突发信号的刺激时产生的，其形成具有一触即发的特点。直觉思维与灵感思维之间的区别主要表现在两者产生的根源不同，直觉思维产生的根源是大脑存储的知识、经验、印象等信息的刺激，而灵感思维的产生则是源于大脑以外的某种信息的刺激。

（五）综合思维

综合思维指的是将客观事物的一些要素进行重新组合后形成一个新的思维或存在主体的过程，这些要素包括理论、方法、构思、技术、材料以及不同类型的物品，等等。

综合思维不是简单拼凑，而是系统的组合。任何事物都是作为系统而存在的，是由多种相互联系、相互依存和相互制约的因素按照一定的规律组合而成的，因此，人们在认识事物时，要以全面的眼光审视事物的性质与发展。综合思维要求人们从整体出发去认识事物，以达到对于事物整体的把握，因此，综合思维的起点与终点都是整体。

人们在进行创造性实践时，也要将事物放在系统中进行思考，既不能片面、孤立地观察事物，也不能局限于一种思维模式与方法，而要全方位、多层次、多方面地对事物展开分析，准确把握事物的结构、性质、事实、材料以及相关知识，找出事物之间的内在联系，综合利用各种思维方式开展创新实践，使创新活动符合事物整体的发展规律。

综合思维是一种对已有智慧和知识的综合与升华，而不是简单的拼接与组合，通过综合思维创造出的新整体应该大于原本的部分之和，且具有新的内涵与特征。综合思维是一种在原有认识与观念的基础上进行新的突破，进而形成更具普遍意义的新成果的过程。

三、创新能力的内涵与特点

（一）创新能力的内涵

1. 能力与创新能力

能力是行为主体为了顺利完成某项工作、实现某一目标所必备的个性心理特征与综合素质。能力表现为人们掌握知识、技能的快慢、难易、深浅程度。能力作为一种个性特征，具有显著的差异性，对于个人来说，其能力是体现在许多方面的，包括专业知识与专业技能、思维能力、创新能力、沟通能力、协作能力等，而且个人不同能力的水平高低亦有差距，对于个人来说，在其所具备的能力中，既有较为突出的能力，也有较为薄弱的能力，可以说，每个人的能力体系都是由多种能力以不同的结构组合在一起的。从人类整体的视角观察，不同人之间的能力结构存在巨大的差异。

创新能力指的是在日常的生产生活实践中，能够充分运用自己所掌握的知识与具备的能力，不断提供具有经济价值、社会价值、生态价值的新思想、新理论、新方法和新发明的能力。创新能力是当今社会与经济发展的重要推动力，也是高素质人才应具备的基本素质。

2. 创新能力的内容

创新能力的内容涉及创新的各个环节，主要包括以下五个方面，如图6-2所示。

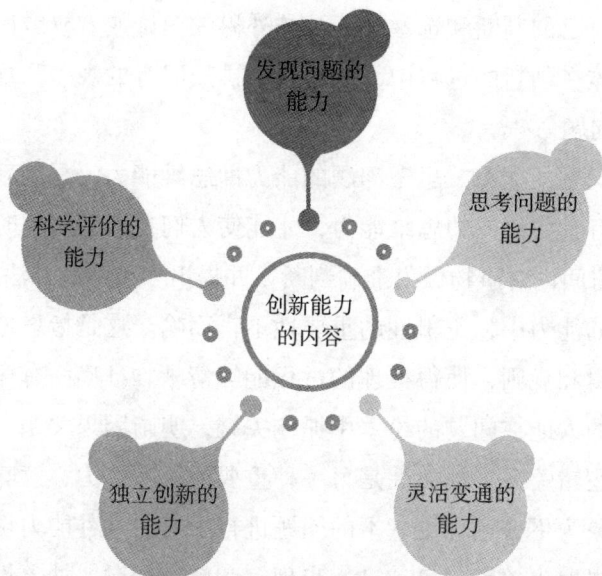

图 6-2　创新能力的内容

（1）发现问题的能力。在我们的生产与生活实践中，提出问题的能力与解决问题的能力一样重要，因为提出问题是创新的重要环节，是激发创造性实践的重要因素。提出新的问题、新的可能性，或者提供观察旧事物的全新视角，本身就是一个求新的过程，也是创造性实践的第一步，需要个体具有创造性的想象力。要培养和提升大学生的创新能力，就需要使其具备发现问题的能力，促使其思维更加活跃。

创新能力中发现问题的能力离不开敏锐的观察力。观察力不仅是看到表面的事物，而且要能看到背后的规律和联系，以及别人忽视的细节和矛盾。这种观察能力使得个体在面对复杂的现象和问题时，能够捕捉关键信息，从中识别出新的问题和机遇。同时，发现问题的能力需要批判性思维的支持。批判性思维是指能够清晰、准确、公正地理解和评估各种信息和观点的能力。具备这种能力的人在面对一定的事实、观念或者观点时，不会轻易地接受或者拒绝，而是会进行深入的思考和评估，从而发现其中可能存在的问题或者矛盾。发现问题的能力还需要强烈的独立性。独立性是指能够独立思考、独立判断、独立行动的能力。具备这种能力的人在面对压力和困难时，仍然能够坚持自己的判断和选择，不会被外界的舆论或者权威所左右。这种独立性使得个体在创新的过程中，能够勇于挑战旧有的观念和规则，敢于发现和提出新的问题。

（2）思考问题的能力。思考问题的能力即思维能力，是创新能力的重要组成部分，只有具备流畅的思维能力，才能使人们在遇到问题时思维活动畅通无阻，在短时间内对事物做出准确判断，并提出多种解决办法。

思考问题的能力中，逻辑性的重要性不言而喻。这是指思考的过程需要遵循一定的逻辑和规则，使得推理的过程能够清晰、准确、有序。拥有高度逻辑思考能力的人能在问题的纷繁中抓住关键，明晰因果关系，识别出隐含在现象之下的逻辑关系。抽象性是另一种重要的思考能力，意味着人们可以将具体问题抽象为更普遍、更基本的问题进行思考。这种能力可以帮助我们从具体情境中提取出关键信息，进一步理解和解决问题。抽象性使我们能在各种具体情况中发现共性，引申出普遍性的原则或法则。在思考问题的能力中，创造性是非常重要的一部分。创造性是指在思考问题时能够产生新的、原创的想法或解决方案。创造性使得我们能够突破常规思维模式，从不同的角度、层面思考问题，从而找到更优的解决方案。

（3）灵活变通的能力。灵活变通的能力能够帮助人们拓展思路，开阔视野，使人们能够根据客观实践的变化调整思路，从多角度、多层次观察和理解问题，并且从不同方位探索并解决问题。

在灵活变通的能力中，适应性占据了重要位置。适应性是指在面对不同的问题和环境变化时，能够快速适应并调整自身的策略和方法。具备适应性的人在遭遇挫折和困难时，能够调整自己的心态，改变既定路径，以适应新的环境和挑战。灵活变通的能力也包括交叉思维能力，是指在思考问题时，能够结合不同的知识领域，将看似无关的知识和观点结合起来，形成新的视角和解决方案。交叉思维促使我们跳出原有框架，探索新的可能性，提出创新的解决方案。灵活变通的能力还包括整体观，是指在解决问题时，不仅关注问题本身，而且关注问题所在的大环境，理解问题的背景和影响。这种宏观的视角使得我们能够对问题有更全面、更深入的理解，从而制定出更有效的解决方案。

（4）独立创新的能力。独立创新的能力是创新能力的重要内容，创新的过程需要合作，但是若想切实提升个体的创新能力，则必须重视发展独立思考与独立判断的一般能力，打破思维的禁锢，突破权威思维障碍、从众思维障碍以及线性思维障碍，并且能够独立发现问题、独立思考问题。

（5）科学评价的能力。创新是一个复杂的过程，从问题的提出到对问题的分析与思考，再到创新实践的实施包含大量的内容，需要针对这些内容进行深入分析与详细规划。同时，在创新过程中，还包括拟定目标、制定方案以及方案的实施，这一系列内容都需要创新主体拥有较强的评价能力，能够针对创新的各个环节进行科学评价，并且根据评价结果及时针对创新的各个环节进行调整。

（二）创新能力的特点

1. 可开发性

创新能力是一种潜在的、可开发的能力。人们可以通过智力训练以及对于大脑的开发提升创新能力，同时，创新能力的提升还需要依靠知识的积累与实践的训练。如果不去开发创造力，它将永远以潜力的形式存在，而人们之间创新水平的差距主要就是由于人们对于创新能力的开发程度不同，且创造力就是在这种不断挖掘、开发与训练的过程中得以提升的。

人类的大脑具有极高的可塑性，意味着我们的认知和学习能力可以通过一定的方法得到改善和提升。这种可塑性不仅存在于我们的学习过程中，也存在于我们创新能力的开发中。创新能力的开发是一个复杂的过程，既涉及个体的内在因素，也与外在环境、学习策略和心态态度等因素紧密相关。只有在这些因素相互作用的过程中，才能有效地开发和提升我们的创新能力。

2. 新颖性

新颖性指的是在已有的理论与实践基础上创造新事物、新价值的能力，新颖性是创新能力最为显著的特性之一，体现在创新的整个过程之中，包括问题的提出、方案的制定和实施等环节。当然，创新能力的这种新颖性需要创新主体在扎实的专业基础与综合素养的基础上，尊重科学，充分发挥主观能动性，进而开展创造性的研究与实践。

新颖性在创新能力中占据核心地位，它意味着创新的可能性和潜力。新颖性表明创新不仅仅是复制或改进现有的理论和实践，而且有可能开拓出全新的领域和视角。它象征着一个创新体系未来的成长空间，反映了其探索未知、超越现状的意愿和动力。新颖性也暗示了创新的多样性。在任何领域，无论是科学研究、技术开发，还是艺术创作，新颖性的表现往往不局限于一种形式或一种方法。相反，它可能来自各种不同的视角、思考方式和实践方法。这种多样性既丰富了创新的内涵，也使创新更具包容性和开放性。

新颖性还体现在一种持续上，创新并不是一次性的事件，而是一个持续不断的过程。新颖性保证了在这个过程中，始终有新的理论和实践不断出现。同时，新颖性推动创新主体在面对新的挑战和机遇时，始终保持清晰思考，发现新的问题，提出新的解决方案，从而保持创新的活力和动力。

3. 价值性

创新能力的价值性与创新的价值性密切相关，无论是从过程还是成果来看，创新世界都是有价值的，因此，作为创新行为能力基础的创新能力也应该是有价值的。创新能力的价值体现在创新主体凭借创新能力而获得的新方法、新成果要具有一定价值，能够带来一定效益。

与创新的价值性类似，创新能力的价值性同样体现在两个方面，分别是社会价值与个人价值。社会价值包括政治价值、经济价值、文化价值等，是指创新主体的创新实践对于社会各个领域带来的促进作用；个人价值指的是创新能力提升的过程，也是个人不断成长、发展，综合素质不断完善的过程。

4. 普遍性

普遍性是指创新能力是每个正常人都具备的能力，无论是科学家、学生、工人，还是农民，每个人都有可能成为新事物的创造者。创新能力是人脑的功能，每个健全的人都具备一定的思维能力，只要具有创新意识，并且方法得当，每个人都可以开展创造性实践。普遍性也意味着创新能力的广泛性。它并不局限于某一特定领域或者某一特定问题，而是可以应用于各个领域和各种问题。无论是科学研究、技术发明、艺术创作，还是社会问题的解决，都需要人们运用创新能力去开拓新的视角，找到新的解决方案。

当然，尽管创新能力是普遍的，但每个人的创新方式和成果是独一无二的。这种独特性来源于每个人的独特经历、独特视角和独特思考方式。而每个人都可以通过自己独特的方式发挥创新能力，产生独特的创新成果。

第二节　大国工匠精神与创新能力的关系

一、大国工匠精神与创新精神之间的关系

谈到创新能力，就离不开创新精神，创新精神和工匠精神是相互区别的，是两种完全不同的精神。然而事实上，创新精神和工匠精神之间具有密切关系，二者是相互交融、相互包含的。

（一）互补性

互补性是大国工匠精神与创新精神最为显著的特征。这两种精神源于不同的领域，但都对人类社会的进步和发展产生着深远影响。二者之间的关联性是深刻而复杂的，它们并非孤立存在，而是相互补充、相互促进，共同推动着我们社会的进步，二者之间的关联性是深刻而复杂的。

大国工匠精神代表着一种对技术精益求精的态度，是对极致工艺和质量的追求，它强调技术的熟练和精湛、对细节的捕捉和处理，以及对实践的高度尊重。大国工匠精神体现了我们对于精神和物质文化遗产的珍视、对于专业技术的专注和钻研，以及对于工作的严谨和认真。这种精神对任何社会的发展都是不可或缺的，因为只有技术不断精进，我们才能在现有基础上构建更为完善和先进的社会。创新精神则是一种对新颖和独特的追求，它寻求打破常规，寻找和尝试新的思路和技术。创新精神与大国工匠精神一样，都源于对知识和技术的深度理解，但其焦点更多在于如何突破现有边界，如何将

旧的思想和技术进行融合和再造，从而创造前所未有的新事物。创新精神激励我们不断探索、不断挑战、不断进步，使我们的社会在发展的道路上更具活力和动力。

大国工匠精神与创新精神的互补性在于，一方面，工匠精神的精益求精和专注细节为创新提供了坚实的基础。没有扎实的技术和专业基础，创新便无从谈起。只有对工艺的深入理解和掌握，才能看到其中的可能性，找到改进空间，实现真正创新。另一方面，创新精神为工匠精神提供了新的方向和挑战。创新意味着变革，它挑战了旧的规则和惯例，引领我们寻找新的方法和策略。

（二）价值观趋同

大国工匠精神和创新精神都强调责任感和执着。在追求卓越的过程中，工匠和创新者都需要有强烈的责任感和对工作的执着，这是他们共享的价值观。

工匠精神中的工匠以专业的技艺服务于社会，以精益求精的态度提升产品质量，他们知道自己的每一个产品、每一种服务都直接影响着人们的生活。而创新者致力于打破旧的模式，创造新的价值，他们深知自己的每一个创新都有可能改变社会、改变世界。因此，他们深感责任重大，无论面临多大的困难，都会坚持不懈，扛起自己的责任。他们对工作的执着也源于对卓越的追求。无论是工匠，还是创新者，都有一种对于卓越的热情，以及对于技艺或者创新成果的热爱。这种热爱驱使他们在工作中投入极大的精力，不断提升自我、不断突破限制，以达到最优的状态。这种对卓越的追求使他们在面临挫折和困难时，能坚持下去，不断尝试、不断改进。

虽然大国工匠精神和创新精神各有侧重，但都以服务社会、改善人类生活为目标，都强调个人或团队在工作中的投入和承担。这也是大国工匠精神和创新精神能够在各自的领域里发挥巨大作用的重要原因。

（三）互相促进

大国工匠精神与创新精神的相互促进是一个富有内涵的话题。工匠精神与创新精神看似在性质和侧重点上有所差异，但是深入挖掘会发现，它们之间有很多可以互相借鉴、互相激发的部分，形成了一种积极的良性循环。

工匠精神强调技术的精进、质量的追求和细节的完善，实际上，这种专注和精益求精的态度是一种对创新的孕育。在工匠的精心研磨和不断尝试中，常常能够发现新的工艺技巧，产生新的设计思路，激发出新的创新灵感。例如，在追求极致的工艺过程中，工匠可能发现一些传统工艺的局限性，这就可能激发他们寻找更先进、更有效的新技术，从而推动技术的创新。反之，创新精神对工匠精神的影响也是很明显的。创新精神注重打破旧的模式，寻求新的方法和视角，对于工匠来说，这种开放和进取的思维方式也是极其重要的。因为工匠不仅是复制和传承传统工艺，更重要的是对技艺的发展和进步做出贡献。当面对新的技术和方法时，工匠需要有开放的思维，能够接受和运用新的技术，将其转化为自己手中的工艺，这是创新精神给工匠带来的影响。

大国工匠精神与创新精神的相互促进还体现在工匠的学习态度上。创新精神倡导的是永不止步、永远学习。对于工匠来说，同样适用。工匠需要不断学习新的知识、新的技术，才能保持自己的竞争力，才能更好地适应市场和社会的变化。而这种不断学习、不断进步的态度正是创新精神所倡导的。

（四）重视发展

大国工匠精神和创新精神都强调持续发展。工匠追求技术的精进，创新者追求技术的革新，这两种精神共同推动了人类社会的不断发展。

大国工匠精神首先代表着一种态度，是对技艺追求至善至美的态度，是对工作负责、敬业乐群的态度。这种态度驱动工匠们在技术路上不断精进，追求更高的品质、更优的性能、更精确的精度。每一次技艺的精进、每一次质量的提升都是社会进步的具体体现，都是社会不断发展的步伐。例如，古人的瓷器制作技术，经过无数工匠一代又一代的精心研磨，从最初的陶器到后来的白瓷、青瓷，再到达到瓷器制作技术的巅峰——景德镇的青花瓷，这个过程就是工匠精神推动社会技术不断发展的生动写照。

创新精神更强调对现有技术的颠覆，以及新技术、新思想的产生。这种颠覆和创新打破了传统的束缚，让人们能够从全新的角度看待问题，找到更好的解决方案。创新精神为社会的不断发展提供了源源不断的动力。无论是从科技角度，还是从社会思想角度，我们都可以找到创新精神的身影。例如，计算机的出现颠覆了传统的计算方式，使得大数据的处理成为可能，推动了社会的信息化进程。而对于性别平等、民主自由等社会理念的追求也是创新精神的体现，它们打破了传统的观念束缚，从而推动了社会的公平与进步。

因此，大国工匠精神和创新精神均对发展尤为重视，它们共同推动着社会的不断发展。工匠精神为发展提供了精益求精的技术保障，创新精神为发展提供了颠覆传统、勇往直前的动力。两种精神共同构成了社会不断发展的重要力量，使人类社会保持着源源不断的生命力和创造力。

二、大国工匠精神对于推动创新能力发展的积极作用

大国工匠精神是中国传统文化中的重要元素，它主张熟练技艺、追求卓越和精益求精。大国工匠精神对于推动创新能力的发展具有显著的积极作用，主要体现在以下几个方面。

（一）技术精熟为创新提供基础

大国工匠精神强调技术的精益求精，这为创新提供了坚实的基础。深入了解技术、技艺，对其进行深入研究，都是工匠精神的重要体现。这种对技术的追求和精进就像一座桥梁，连接了现有技术和未来可能的创新。

只有技术精熟，才能理解并应对各种技术挑战。创新的过程往往需要面对新的问题、新的挑战，而这些问题或挑战往往是复杂和困难的，如果没有深厚的技术基础和专业知识，就很难找到解决问题的方法和路径。而技术精熟的人可以更快地理解问题的本质，提出有效的解决方案。技术精熟也是拓宽创新视野的关键。每一种技术、每一种工艺都有其特定的应用范围和局限性，只有深入理解和熟练掌握这些技术，才能看到更广阔的应用可能性，看到那些未曾被注意或者被忽视的创新点。技术精熟的人可以更容易看到现有技术的优点和缺点，以及改进的可能性。技术精熟有助于激发创新灵感。创新往往源于对现有事物的新的理解和视角。而这种新的理解和视角往往来源

于对技术的深入理解和熟练应用。通过熟练掌握技术，可以发现技术中的规律和模式，进而产生新的想法和灵感。

技术精熟还有助于提高创新的效率和成功率。在创新的过程中，如果对技术不够熟练，在解决技术问题上可能会花费大量的时间和精力，甚至可能因为技术问题而导致创新失败。而技术精熟的人既可以更快地解决技术问题，提高创新的效率，也可以更好地规避技术问题，提高创新的成功率。

（二）精神磨砺培养创新毅力

大国工匠精神的另一个重要特征是强调毅力和耐心。工匠精神提倡面对困难和挑战时坚持不懈，始终保持专注。这种精神品质对培养创新的毅力和耐心有极大的帮助。因为创新并非一蹴而就，而是一个漫长且充满挑战的过程，需要耐心和决心去推动并完成。

从创新的性质来看，它是一个充满未知和变数的过程。面对种种未知和变数时，需要有足够的毅力和决心去寻找解决方案、去破解问题，这种毅力和决心正是工匠精神所强调的。在面对复杂的工艺问题时，工匠需要保持坚韧不拔的毅力，始终专注技艺的精进。这种精神对于推动创新至关重要。从创新的过程来看，创新往往需要长时间的研究和试验，需要持续不断地进行探索和尝试。这个过程可能充满了困难和挫折，但是，工匠精神告诉我们，只要有坚持不懈的毅力和耐心，就能够克服困难、解决问题。大国工匠精神中的坚毅和耐心为我们面对创新过程中的困难提供了有力的心理支持。从创新的结果来看，创新的结果并非总是成功的，失败和挫折是常态。但是，工匠精神强调的坚毅和耐心能够帮助我们在面对失败和挫折时，保持冷静和理智，从失败中学习，在挫折中成长，从而积累经验，提高创新能力。大国工匠精神在这个过程中起到的作用如同灯塔一般，照亮了前行的道路，提醒我们始终坚定信念、坚持到底。从创新的影响来看，创新的影响往往是深远和长期的，需要有足够的耐心等待和观察。工匠精神强调的耐心和坚毅能够帮助我们在长期的创新过程中，保持稳定的心态，维持持续的努力，从而实现长期的创新目标。

（三）注重实践，促进创新落地

工匠精神注重实践，强调理论与实践的结合。这种强调实践的精神有助于将创新从理论转化为实践，使创新成果更好地落地，更好地服务社会。

实践是检验真理的唯一标准，这是所有科学知识从产生到发展，再到成熟的必经之路，也是创新活动的基本路径。工匠精神强调技术和工艺的实践，工匠通过在实践中观察、思考、试验，从而发现问题、解决问题，进而提高技术、提升工艺，推动技术的发展和进步。在这个过程中，工匠精神和创新精神相得益彰。工匠通过深入的实践，积累了丰富的经验，掌握了技术的细节，这都是创新的重要基础。同时，工匠通过实践发现问题，提出新的思考，这也是创新的来源。反过来，创新的成果需要通过实践去验证、去应用，而工匠精神中的注重实践正好提供了这样的场所和可能。由此可见，工匠精神中的注重实践对于促进创新的落地具有重要的推动作用。

例如，我们可以看到，无论是在制造业，还是在服务业，都有许多成功的创新案例，其背后都有着工匠精神的支持。在制造业中，比如，汽车制造、电子产品制造等行业，工匠精神中的注重实践使得创新的设计和技术能够快速地转化为产品，从而快速进入市场。在服务业中，比如，餐饮服务、旅游服务等行业，工匠精神中的注重实践使得创新的理念和方法能够快速应用到服务中，提高服务质量，提升客户满意度。

同时，工匠精神中的注重实践也有助于将创新成果服务于社会。创新的目的不仅仅是满足市场的需求，也是解决社会的问题，提升社会的福祉。工匠精神中的注重实践使得创新能够从理论走向实践、从实验室走向社会，使得创新成果能够更好地服务社会，提升社会的福祉。

（四）追求卓越，激发创新动力

工匠精神追求的是技艺的至臻至美，这种追求卓越的精神可以激励人们在创新过程中不断超越自我，勇攀科技的高峰。

工匠精神所体现的追求卓越源自对工作的热爱、对技艺的尊重、对质量的坚守。这种追求卓越的态度，能激发人们的创新动力，因为创新本身就是对已有知识、技术、产品和服务的超越，是对更高层次、更深广度的探索。因此，工匠精神和创新精神在追求卓越的动力上是相通的。在工匠精神的熏陶下，创新者对技术的掌握、对问题的洞察、对解决方案的构想都会更为深入和独到。他们会充满热情地投入创新的工作中，尝试不同的方案，克服各种困难，直到找到最优的解决办法。同时，他们会以工匠的严谨态度来推进创新的过程，用工匠精益求精的精神来提升创新的质量。

例如，在航天科技领域，中国的"天眼"射电望远镜就是工匠精神和创新精神相结合的结果。从设计到建造，再到运营，全过程都充满了困难和挑战。然而，科技人员以工匠的态度，对每一个细节都严谨对待，通过不断的探索和尝试，最终成功地建成了世界上最大的单口径射电望远镜。这不仅是科技创新的成果，也是工匠精神的体现。再比如，在现代制造业中，工匠精神和创新精神的结合，使得我们的产品质量不断提升、技术不断进步。在汽车制造、智能手机制造等领域，中国的一些企业已经崭露头角，产品在国内外市场上赢得了口碑，其背后离不开这些企业对工匠精神的坚持和对创新精神的追求。

第三节　在创新能力培养中贯彻大国工匠精神

一、培养深度学习的习惯

（一）对专业领域的深度研究

如同工匠对技术的精熟，每一个想要在创新上有所成就的个体都需要对自己的专业领域有深度的了解和研究。这不仅是对已有知识的吸收和理解，更是对知识背后的原理、方法论的探究和领悟。这种对专业领域的深度研究可以帮助个体把握专业领域的最新动态，洞察潜在的问题和机遇，从而更好地进行创新。

深度学习的习惯，特别是对专业领域的深度研究，实际上是对大国工匠精神在创新能力培养中的一种体现。深度学习不仅意味着获取更多的知识，而且意味着获取更深层次的理解、更广阔的视野，以及更精确的技能。专业领域深度研究的首要任务是深入理解和掌握该领域的核心知识。工匠精神强调的是技术的熟练和精确，这在学术和创新领域体现为对理论知识的深入理解和精确掌握。学习者需要对专业领域的基本概念、理论、方法和技术有深入的理解和掌握，这是深度学习的基础。

同时，深度学习还需要批判性的思考。这种批判性的思考不仅仅是对已有知识的接受，更是对知识的质疑和挑战。工匠精神强调的是不断改进和完善，这在学术和创新领域体现为对已有知识和理论的批判性思考，通过这种思考，学习者可以洞察知识的局限、发现新的问题、提出新的假设，从而激发创新的灵感。深度学习的习惯也要求学习者保持对知识的好奇心和探索精神。工匠精神强调的是不断探索和创新，这在学术和创新领域体现为对知识的好奇心和探索精神。只有保持对知识的好奇心，才有动力去深入了解和研究；只有保持探索精神，才能在未知的领域中发现新的问题，提出新的解决方案。另外，深度学习还需要耐心和毅力，这在学术和创新领域体现为对知识的耐心研究和毅力追求。深度学习是一个长期的过程，需要学习者有足够的耐心和毅力去持续学习、持续改进、持续创新。

（二）对实践操作的精细掌控

工匠精神强调对细节的处理，这在创新能力的培养中体现为对实践操作的精细掌控。每一个创新的点子都需要通过实践来验证和完善。而这种实践不仅需要对实验方法和工具的熟练操作，更需要对实验过程和结果的细致观察，以及对数据的精确分析。这种对实践操作的精细掌控可以帮助个体更好地理解问题，更好地进行创新。

实践操作的精细掌控是将创新想法变为现实的关键步骤。工匠精神的体现不仅在于对工艺的熟练程度，还在于对工作细节的严谨把握和对结果的精细审查。在创新领域，对实践操作的精细掌控意味着对实验方法、工具的熟悉，对实验过程和结果的观察，对数据的分析，这样才能把握问题的本质，提出创新的解决方案。

精细掌控实践操作要求有对专业领域的深度理解和技能。这不仅包括理论知识，而且包括操作技能和经验。在精细掌控工艺的过程中，工匠往往会发现新的方法，改进旧的技术，这种技能和经验的积累对于提高创新的成功率至关重要。同样，创新者在精细掌控实践操作的过程中，也需要具备深度的专业知识和丰富的实践经验，这将使他们能够更好地理解问题，提出更为有效的解决方案。精细掌控实践操作也需要有对细节的敏锐观察和分析能力。在进行实践操作时，往往会出现一些不易察觉的细节，这些细节既可能是问题的关键，也可能是解决问题的线索。因此，创新者需要具备敏锐的观察力和分析力，能够注意到细节，从中发现问题，提出解决方案。

与对专业领域的深度研究一样，精细掌控实践操作同样需要有足够的耐心和毅力，因为实践操作往往是一个长期的过程，需要持续地努力和不断地改进。这种耐心和毅力不仅体现在对实践操作的坚持，也体现在对结果的持续改进和完善。

（三）对深度学习的持续坚持

工匠精神所强调的精益求精本身就是对深度学习的持续坚持，这与创新能力培养重视知识的积累非常契合。知识和技术都是在不断发展的，因此，深度学习不应该是一时的行为，而应该是一种持续的习惯。每一个个体都应该保持对知识和技术的热情和好奇心，时刻准备对新的知识和技术进行深入的学习和研究。这种对深度学习的持续坚持可以帮助个体保持在专业领域的领先地位，从而更好地进行创新。

在创新的过程中，深度学习的持续坚持是极其关键的一环。这种持续性不仅是为了保持对新技术、新知识的掌握，也是为了保持对所从事领域的热忱与热爱。这种热忱与热爱可以激发无尽的动力与创造力，这也正是工匠精神强调的精益求精的核心所在。

深度学习的持续坚持是为了紧跟时代的步伐。在这个信息爆炸的时代，新的知识和技术不断涌现，对于创新者来说，如何迅速、准确地掌握新的知识和技术，并将其融入自己的创新过程中，是一项极其重要的任务。这就需要他们有足够的学习能力和适应能力，能够第一时间了解并掌握新的知识和技术，并运用到自己的工作中。深度学习的持续坚持也是为了提高自己的专业素养。无论在哪个领域，深厚的专业素养都是成功的关键。这种专业素养不仅包括对知识的理解和掌握，而且包括对问题的洞察和解决的能力，以及对挑战的勇气和决心。这就需要创新者在不断学习的过程中，对自己的知识和技能进行持续的深化和提升，使自己能够在复杂的问题和挑战面前，依然保持清晰的思路和决心。另外，深度学习的持续坚持也能让人保持工作的热情。工匠精神强调的是对工艺的热爱和对完美的追求，这在创新领域体现为对创新的热情和对成果的追求。只有通过持续的学习，创新者才能保持对工作的新鲜感和热情，才能在面对困难和挑战时，依然有动力去挑战和克服。

二、强调实践与体验

（一）增设实践环境

创新能力的培养与工匠通过实践来提升自己的技艺一样，也需要在实践中进行。因此，为学生提供丰富、多样的实践环境非常重要。包括创建实验室、工作室等可以进行实践的场所，提供可以用于实践的工具和设备，以及设置实际问题或项目让学生去解决或执行。这样的实践环境既可以让学生将理论知识转化为实际操作，也可以让学生在面对实际问题时，学会找寻并应用相应的知识和技能。

在创新能力的培养中，实践环境的设置是非常关键的一步。实践环境不仅可以让学生有机会将所学的理论知识运用到实际中，也可以让学生面临真实的问题，进而学会找寻和应用相应的知识和技能来解决问题。实际上，这也是一种模拟现实环境的方式，可以帮助学生了解和熟悉实际工作中可能遇到的各种情况。创建可以进行实践的场所，如实验室和工作室是实践环境设置的重要组成部分。在这些场所中，学生可以通过亲身参与，进行各种实验和项目，真正做到"动手做"和"亲身体验"。在这个过程中，学生可以真实地感受实际工作的流程和步骤，了解实际工作中需要注意的各种细节，掌握各种操作技能。而这种亲身体验的方式比单纯的理论学习更能提高学生的学习效果，也更有助于学生对知识和技能的掌握。

为学生提供可以用于实践的工具和设备也是实践环境设置的重要组成部分。这些工具和设备既可以是各种实验器材，也可以是各种计算机软、硬件，抑或各种专业领域的工具设备。这些工具和设备可以让学生在实践中真正地运用所学的知识和技能，也可以让学生体验如何利用这些工具和设备来解决实际问题，从而提高学生的操作技能和解决问题的能力。

设置实际问题或项目，让学生去解决或执行也是实践环境设置的重要组成部分。这些问题或项目既可以是真实的，也可以是模拟的；既可以是简单的，也可以是复杂的。这些问题或项目可以让学生在面对问题时，学会如何分析问题、如何找寻解决问题的策略、如何实施解决问题的方案。这种解决问题的过程有助于提高学生分析问题、解决问题、方案实施的能力以及创新能力。

（二）强调实践的过程

创新能力的培养不仅要关注实践的结果，而且要关注实践的过程。在实践过程中，学生可以学习和体验探索问题、找寻解决方案、实施方案、处理失败等重要的经验和技能。因此，在实践活动中，应当鼓励学生勇于尝试、勇于失败，从失败中学习，从而提高问题解决能力和创新能力。

在创新能力的培养中，重视实践过程的强调是至关重要的。在实践过程中，学生不仅可以实际运用所学的知识和技能，还能在解决问题的过程中收获各种重要的经验和技能，如探索问题的方法、找寻解决方案的途径、实施方案的步骤以及处理失败的心态等。对于创新过程而言，尤其解决问题的过程是极富挑战性的。在这个过程中，学生需要学习如何理解问题、如何寻找并评估可能的解决方案，以及如何实施这些方案。在这个过程中，他们可能遇到各种各样的困难和挑战，而这些困难和挑战正是他们提升技能、积累经验的重要途径。他们需要学习如何克服困难，如何从失败中吸取教训，如何在失败之后重新站起来，再次尝试。这样的经历对于培养他们的问题解决能力和创新能力至关重要。

在实践活动中，鼓励学生勇于尝试，不怕失败，使他们明白从失败中学习是提升创新能力的重要策略。尝试意味着愿意跳出自己的舒适区，接受新的挑战，这既可以提高他们的技能和知识，也可以提高他们的自信心和勇气。从失败中学习既可以帮助学生更好地理解问题，找到合适的解决方案，也可以帮助他们建立起处理困难和挑战的心态，从而在未来的实践中更好地解决问题，更好地进行创新。

（三）鼓励与他人的交流和合作

在创新能力的培养中，鼓励学生与他人的交流和合作是一个至关重要的环节。这不仅因为许多实践活动需要集体的力量，而且因为在交流和合作的过程中，学生既可以从他人那里学习到新的知识、观点、技能，也可以更好地认识自己，发现自己的不足，从而促进自身的成长和进步。

通过交流与合作，首先可以帮助学生拓宽视野。在交流的过程中，他们可以听到不同的观点，看到不同解决问题的方法，这既可以启发他们的思维，也可以帮助他们提高问题解决的能力。在合作的过程中，可以看到他人的优点和长处，这不仅可以为他们提供学习的目标，也可以激发他们的学习动力。通过交流和合作的过程，也可以帮助学生更好地认识自己。在与他人交流的过程中，他们可以听到他人对自己的评价，也看到自己在他人眼中的形象，从而更清楚地看到自己的优点和不足。在与他人合作的过程中，他们可以看到自己在团队中的作用，了解自己的责任和义务，明确自己的定位和角色。在交流和合作的过程中，可以帮助学生提高他们的社交能力和团队合作能力。在与他人交流的过程中，他们需要学习如何清楚、有效地表达自己的想法，如何理解和接纳他人的观点，如何处理和解决冲突和矛盾。在与他人合作的过程中，他们需要学习如何分配和执行任务、如何协调和调整团队的关系、如何处理和解决团队中的问题。

三、注重专注和毅力的锻炼

（一）保证对问题的专注

在工匠精神中，专注并非简单地坐下来并投入工作，而是一种对待工作的态度，是对工作内容的热爱，是对精益求精的执着，是对细节的敬畏，是对成果的责任，更是对挑战的勇敢和对成功的决心。同样地，在创新能力的培养中，专注也应该是一种全身心的投入和沉浸。

保证学生对问题的专注，首先，要让学生对创新的问题、挑战或项目产生兴趣。兴趣是最好的老师，也是保持专注的最大动力。如果学生对问题或项目充满兴趣，就会愿意投入时间和精力去深入研究，去找寻最好的解决方案。因此，应该尽可能地为学生提供选择，让他们可以选择自己感兴趣的问题或项目来进行创新活动。

其次，应该鼓励学生对问题进行深入思考和研究。这不仅要求他们理解问题的表面现象，而且要求他们深入问题的本质，掌握问题的全貌，了解问题的上下文背景。这种深入的思考和研究可以帮助学生更好地理解问题，更好地找寻解决方案。同时，这种深入的思考和研究也可以让学生在面对复杂的问题时，能够保持清晰的思维，有条不紊地进行工作。

再次，应该培养学生的耐心和坚韧。在创新过程中，成功往往不会一蹴而就，而是需要反复尝试和持续努力。学生必须有足够的耐心去等待、去观察、去反思，同时，他们必须有足够的坚韧面对失败，接受挑战，坚持到底。这种耐心和坚韧就是专注的一部分，是学生在创新过程中不可或缺的品质。

最后，应该让学生明白，专注既不是孤军奋战，也不是闭门造车。在专注的过程中，学生应该学会与他人交流，学会借鉴他人的经验，学会合作、学会求助。同时，他们也应该学会对自己的工作进行自我反思、自我批评、自我改进。这样的专注才能真正推动创新的进程，才能真正提高学生的创新能力。

（二）增强面对挑战的毅力

工匠精神的核心是对工艺的尊重、对质量的追求、对细节的关注和对持续改进的执着。其中，毅力既是工匠精神的重要体现，也是成功创新的关键因素。在创新过程中，必须承认一个现实，那就是失败是常态。无论是小的实验，还是大的项目，都会遇到各种预料不到的问题和挑战，这就需要学生有足够的毅力去面对和克服。

爱迪生是一位多产的发明家。他发明了电灯、留声机等许多改变世界的设备。然而，这些伟大的发明背后是爱迪生对创新的热情和对成功的坚定信念，更是他面对困难不屈不挠的毅力体现。爱迪生在发明电灯时，遇到了许多困难和挑战。为了找到合适的灯丝材料，他进行了数千次实验。每次失败后，他都能从中学习到新的知识，得到新的启示，然后进行下一次尝试。他曾经说过："我没有失败，我只是发现了一万种不会工作的方法。"这就是爱迪生的毅力，他在面对困难和挑战时，不仅没有放弃，反而变得更加坚定和执着。在培养创新能力的过程中，应该鼓励学生学习爱迪生的这种毅力。当面临挑战时，不要轻易放弃，而是要积极面对，勇敢尝试。遇到失败时，不要沮丧失落，而是要从中学习，找出问题，再次尝试。只有这样，学生才能在面对困难和挑战时，保持清晰的思维、坚定的信念、持续的动力，最终找到成功的方案。

此外，还应该提供一个支持性的环境，鼓励学生在面对挑战时，寻求他人的帮助，学习他人的经验。这不仅可以帮助学生更快地解决问题，也可以帮助他们学会在困难面前如何保持冷静、如何处理压力、如何与他人协作，这些都是成功创新的重要能力。

（三）培养解决问题的能力

在工匠精神中，对技艺的精益求精是持续的过程，这在创新过程中则体现为对解决方案的专注改进。应该鼓励学生不满足初步的、可行的解决方案，而是要求他们一直专注改进解决方案，直到找到最优的或者最满足需求的解决方案。这样，学生的创新能力就能在不断追求卓越、不断改进的过程中得到提升。在引导学生进行创新性工作时，强调工匠精神的重要性显得至关重要，特别是在持续改进解决问题的技艺和策略方面。在这个过程中，学生应该始终保持批判性思维和反思能力，不断对已有的解决方案进行审视，寻找潜在的改进空间。

在创新过程中，一个初始的、看似可行的解决方案只是冰山一角，真正的创新往往来自对问题的深度理解和对解决方案的持续优化。这就需要学生能够持续关注问题，探索问题的各个层面，并从多个角度去考虑和处理问题。这种深度的思考和探索可以帮助学生更好地理解问题，找到更优的解决方案。同时，应该鼓励学生在处理问题时，不仅仅是寻找一个可以解决问题的策略，而是寻找一个最优的、最满足需求的策略。这种追求最优的态度既是工匠精神的体现，也是创新精神的体现。只有这样，才能真正提升学生的创新能力。在当前的教育环境中，可以将工匠精神中的这种追求卓越、对细节的专注以及对问题的深入理解与解决方案的持续优化结合起来，以此培养学生的创新能力。

对于学生来说，需要引导他们深入理解问题。在这个过程中，学生需要全方位地探索问题，包括问题的起源、实质、影响等各个方面。这种深入理解问题的过程有助于学生从多个角度、多个层面思考解决方案，从而找到更有效、更细致的解决方案。对于解决方案，则需要引导学生形成持续改进和追求卓越的态度。针对某一问题，初始方案的制定可能只是解决问题的开始，而不是结束。我们应鼓励学生去追求更好的解决方案，持续优化他们的思路和策略。这种追求卓越的态度既是工匠精神的体现，也是创新精神的体现。

为了实现这一目标，可以在教育和培训过程中，提供各种机会让学生实践和体验这种改进的过程。例如，可以设定各种项目，让学生在实际操作中，亲身体验从发现问题到寻找解决方案，再到改进解决方案的过程。在这个过程中，他们既可以学习到各种创新方法和策略，也可以学习到如何从失败中学习、如何从批判和反思中找到改进的空间，也可以通过课堂教学，让学生学习和了解各种理论知识，提高他们的批判性思维和反思能力，让他们学习各种创新理论，并理解创新的本质、重要性、过程，学习各种批判性思维和反思的方法，从而知道如何去评估和改进一个解决方案。

第七章 大学生大国工匠精神培育与职业素养

第一节 职业素养概述

一、职业素养的内涵

（一）职业素养的概念

职业素养是人类在社会活动中需要遵守的行为规范。个体行为的总和构成了自身的职业素养，职业素养是内涵，个体行为是外在表象，具体是指从业者在一定生理和心理条件的基础上，通过教育培训、职业实践、自我修炼等途径形成和发展起来的，在职业活动中起决定性作用的、内在的、相对稳定的基本品质。由于职业是人生意义和价值的根本所在，职业生涯既是人生历程中的主体部分，又是最具价值的部分。因此，职业素质是素质的主体和核心，囊括了素质的各种类型，只是侧重点不同而已。

素养体现在职场上就是职业素养，体现在生活中就是个人素质或者道德修养。职业素养是指职业内在的规范、要求以及提升，是在职业过程中表现出来的综合品质，包含职业道德、职业技能、职业行为、职业作风和职业意识规范；时间管理能力提升、有效沟通能力提升、团队协作能力提升、敬业精神、团队精神；还有重要的一点，就是个人价值观和公司的价值观能够衔接起来。

一般来说，劳动者是否能够顺利就业并取得成就在很大程度上取决于本人的职业素质，职业素质越高的人，获得成功的机会就越多。素质包括先天素质和后天素质。先天素质是通过父母遗传因素而获得的素质，主要包括感觉器官、神经系统和身体其他方面的一些生理特点；后天素质是通过环境影响和教育而获得的。因此，可以说，素质是在人的先天生理基础上，受后天的教育训练和社会环境的影响，通过自身的认识和社会实践逐步养成的比较稳定的身心发展的基本品质。

（二）职业素养的核心

1. 职业信念

职业信念是职业素养的核心，而良好的职业素养包含良好的职业道德、正面积极的职业心态和正确的职业价值观意识，是一个成功职业人必须具备的核心素养。良好的职业信念应该由爱岗、敬业、忠诚、奉献、正面、乐观、用心、开放、合作及始终如一等这些关键词组成。

作为国家未来的建设者和创新者，大学生的职业素养尤为关键。职业信念是构建大学生职业生涯的核心基石，有助于大学生在未来的职场中树立正确的价值观和行为准则。在大学生工匠精神的培育过程中，我们必须深化大学生对职业信念的理解，使之成为大学生的行动指南。具体而言，大学生需要明白，职业信念不仅仅是一种道德准则，更是一种实践的态度、一种工作的方法、一种生活的哲学。

大学生需要爱岗敬业，全身心投入自己所选择的职业领域，对所从事的工作有深入的理解和热爱。大学生要保持忠诚，始终坚守自己的职业道德和价值观，面对各种诱惑和压力，始终保持清醒和坚定。大学生要愿意奉献，将自己的知识和能力贡献给社会，用自己的工作服务他人，满足社会需求。大学生需要保持正面乐观的职业心态，面对职业生涯中的挑战和困难，始终保持积极进取，不放弃、不退缩。大学生要用心工作，对每一项任务都要全力以赴，对每一份工作成果都要追求完美。同时，大学生要保持开放的心态，愿意接受新知识、新技能、新方法，愿意与时俱进，不断自我更新、自我提升。

大学生要学会合作，懂得利用团队的力量，共同解决问题，共同达成目标。大学生需要始终如一，坚守自己的职业信念，无论环境如何变化，无论外界压力多么大，都要始终坚守自己的价值观和信念，始终保持自己的职业道德和职业态度。这些职业信念不仅在大学生的学习中起着指导作用，也将在大学生的未来职业生涯中起到重要作用，帮助大学生在复杂多变的职业环境中保持清晰的方向感，成功实现自己的职业生涯规划。这也是大学生工匠精神培育的重要目标，因此我们必须通过各种方法和手段，确保大学生在校期间就树立坚定的职业信念，为大学生未来的职业生涯打下坚实的基础。

2. 职业知识和技能

职业知识和技能是职业素养的重要核心，任何职业都有其特定的知识和技能需求。不论是技术工种，还是知识工种，对专业知识的理解和技能的掌握都是基本要求。如果一个人不具备自身职业所需的基本知识和技能，那么他就无法有效地完成工作任务，也就无法获得职业成功，掌握相关知识和技能的人在工作中通常能够更有效率。他们能够准确地理解任务需求，找到合适的解决方案，避免不必要的错误，从而提高工作效率。

在职场中，专业知识和技能往往成为人们竞争的关键。那些具有独特技能或深厚知识的人往往在职场中更有竞争力，更容易获得成功。专业知识和技能也是职业发展的基石。一方面，人们需要不断更新和升级自己的知识和技能，以适应职场环境的变化；另一方面，通过深化专业知识和提高技能，人们也可以开拓更多的职业机会，实现职业生涯的发展。当然，对于学生来说，在其职业生涯中，具备相关专业知识和技能的人通常被视为专业的和可信的。这不仅有助于塑造个人品牌，而且能够提升自身在行业内的声誉，从而增加更多的职业机会。

3. 职业行为习惯

职业行为习惯是职业素养的重要核心，其原因主要包括以下几个方面：首先，职业行为习惯是一种表现形式，可以表现一个人的职业态度，这既影响他自身的职业表现，也影响他人对他的看法。例如，一个人总是准时、有组织、有效地完成任务，那么他会被看作是一位可靠、专业的员工，这会为他带来良好的职业声誉，从而增加更多的职业机会。其次，职业行为习惯是一种持续的自我完善过程。通过不断实践和反思，一个人可以在工作中发现自己的弱点，然后通过改进行为习惯来克服这些弱点。这种自我完善的过程不仅有助于提升职业技能，也能增强一个人的自信心和自我效能感，从而使其更能应对职业生涯中的挑战。良好的职业行为习惯也可以促进团队协作。在职场中，大多数工作需要与他人合作完成，而良好的职业行为习惯，如尊重他人、有效沟通、承担责任等能够建立和维护良好的人际关系，促进团队的和谐和效率。最后，职业行为习惯是一种道德实践。每种职业都有其道德规范和职业道德，良好的职业行为习惯正是对这些规范和道德的遵守和实践。这种道德实践不仅有助于维护职业的社会声誉，也是个人职业发展的基础。

（三）职业素养的内容

1. 职业道德

职业道德是一个人在职业活动中应持有的道德态度和行为准则，是一种道德规范，涵盖了尊重他人、诚实守信、公平公正、专业精神等方面。它不仅对个人的职业行为提出要求，而且反映了社会对职业活动的期望和要求。在大国工匠精神的培育中，职业道德尤为重要。这是因为工匠精神在本质上是一种追求卓越的态度，它要求个体在专业领域内追求最高的标准。这种追求不仅体现在技术水平和专业能力上，也体现在职业道德上。

例如，尊重他人既是职业道德的基本原则，也是工匠精神的核心价值之一。在工作中，无论是与同事、客户，还是与其他相关方打交道，都需要表现出尊重和友好。这种尊重不仅体现在言语行为上，也体现在对他人工作的尊重上，这与工匠精神中的精益求精、尊重工作的价值观相吻合。诚实守信是另一种重要的职业道德，也是工匠精神的重要表现。在工作中，我们需要对自己的工作负责，对客户和同事守信，这表明了我们对工作的专注和尊重。工匠精神强调的专注和毅力就体现在这种对工作的诚实和尊重上。公平公正是职业道德的又一重要原则。在职场中，我们需要遵循公平公正的原则，不因个人偏好或利益而歪曲事实或者偏袒一方。这种公平公正的态度与追求卓越的工匠精神相符，二者都强调了对事物的公正看待和公正处理。

2. 职业思想

职业思想是指个体对职业生涯的认知和理解，包括对工作的态度、对职业发展的看法、对工作与生活的平衡等方面的观念。职业思想能影响一个人的工作态度和职业行为，是影响职业成功的重要因素。

在大国工匠精神培育中，需要培养个体正确的职业思想。首先，工匠精神要求我们对待工作有一种尊重和热爱的态度，这种对工作的重视和尊重也应当体现在我们的职业思想中。工匠精神鼓励我们追求卓越，永不满足。这种追求卓越的精神也应当体现在我们的职业思想中。我们应当有一种积极的职业发展观，相信自己有能力通过努力实现职业发展，而不是满足现状。

此外，工匠精神也强调了工作与生活的平衡。工匠精神认为，工作是生活的一部分，但不能完全取代生活。我们应当有一种健康的生活观，认为工作和生活是相互促进、相互影响的，工作能丰富我们的生活，生活也能为我们的工作提供灵感。

具体到工匠精神培育中，职业思想的培养主要是希望个体能建立起对工作的尊重、对卓越的追求以及对工作与生活平衡的理解。通过这种方式，工匠精神可以帮助我们建立起积极健康的职业思想，进而影响我们的职业行为和职业发展。

3. 职业行为习惯

职业行为习惯指的是在职业环境中表现的一系列行为和习惯，包括守时、守信、尊重他人、勤奋工作、团队合作，等等。良好的职业行为习惯既有助于形成积极的工作氛围，推动团队协作，也有助于个体的职业发展。

在培育职业行为习惯方面，大国工匠精神具有独特的影响和作用。工匠精神强调对技艺的精益求精和敬业精神，鼓励个体发扬勤勉工作、专注专业的习惯。这种习惯能使人在职业生涯中持续成长，不断提高技术水平和专业能力。工匠精神强调的尊重和专注要求人们对工作持有高度的尊重，对每一项工作都用心去做。这也就意味着要养成尊重他人、认真对待工作的良好职业行为习惯。工匠精神鼓励的是持久不懈的精神，面对工作中的困难和挑战，不轻言放弃，保持积极解决问题的态度。这就培养了人们在工作中解决问题、持之以恒的良好习惯。

4. 职业技能

职业技能是指为完成特定的工作任务需要掌握的一系列操作技巧、工具使用规范、工作方法和工作标准等。在职业发展中，个体的职业技能直接决定了他的工作效率、工作质量，甚至市场竞争力。职业技能的掌握与运用使个体可以熟练地完成工作任务，解决工作中的问题，这对个体的职业生涯发展具有极其重要的影响。

大国工匠精神对职业技能的培养起到关键性的作用。首先，工匠精神强调对技艺的精益求精，这种对精湛技艺的追求鼓励个体不断学习、不断提高自己的职业技能。不论是学习新的工作方法，还是对已经掌握的技能进行深化和拓宽，都体现了这种精益求精的精神。其次，工匠精神鼓励的是持久不懈和专注。在职业技能的学习过程中，这种精神可以帮助个体坚持不懈，以积极的态度面对学习中的困难和挑战，从而更好地提高自己的技能。最后，工匠精神强调的用心和尊重使个体能够对自己的职业技能有更深的理解、更强烈的热爱，从而更愿意投入时间和精力去提升自身技能。

二、职业素养的特征

职业素养是当今时代学生步入社会所必备的素质，也是劳动者创造更多价值所必需的素养，职业素养的特征很多，集中表现为以下几点，如图 7-1 所示。

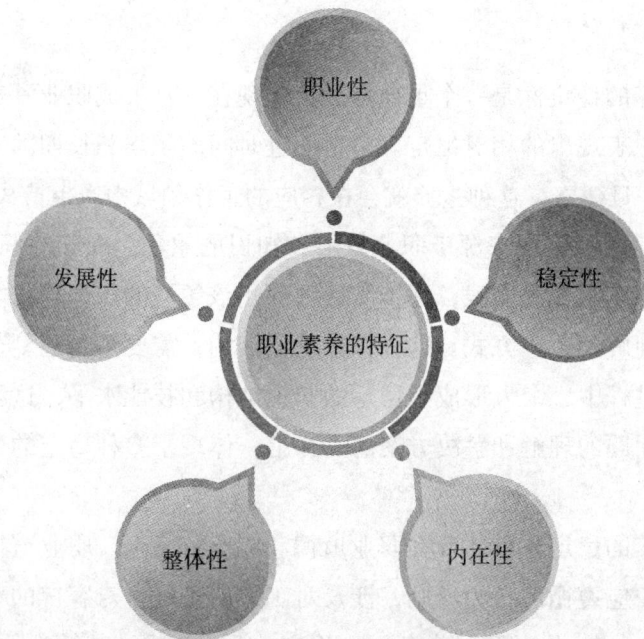

图 7-1　职业素养的特征

（一）职业性

职业性是职业素养的一个核心特征，主要指的是个体能够理解、接受并符合他所从事职业的特定标准和规定。职业性不仅涉及专业知识和技能，还包括行业内的规则、规定、道德和行为规范等。

职业性强调的是与职业有关的、特定的、符合行业标准的能力和行为。比如，医生需要掌握专业的医学知识，理解和遵循医疗伦理，才能被认为具有医生的职业性；又如，教师需要掌握教育的专业知识，能进行有效的教学，理解和遵循教育的专业伦理，才能被认为具有教师的职业性。这种职业性的要求使得每个职业都有其独特的素养要求，而从事这个职业的人需要具备这些素养，才能在职业生涯中取得成功。因此，职业性的特征要求我们在培养职业素养时，不能一概而论，而是要根据不同的职业特性，有针对性地进行素养培养。

（二）稳定性

职业素养的稳定性是一个重要特征，体现在一旦形成职业素养，在长期的工作实践中表现出的相对恒定。它是通过时间的积累和长期的实践经验形成的，并且一旦建立，这种素养就会在相应的工作领域中产生持久的影响。

职业素养的稳定性来源于职业技能和知识的累积。在某一职业领域内，一个人通过持续学习和实践，逐步掌握和深化该领域的知识与技能，形成了自己独特的理解和应用方式。这种积累是长期的，需要不断地刻苦学习和实践。在这个过程中，个人形成了稳定的知识结构和技能水平，这种稳定性反映在对职业问题的理解和解决方案的选择上，体现了一种稳定的思维方式和行为模式。

职业素养的稳定性也体现在职业道德和职业行为上。职业道德是一个人在职业生涯中应遵循的行为准则，涉及对工作的态度、对客户的尊重、对社会的责任等。一个人的职业道德一旦形成，通常会成为其行为的稳定指导，影响其在工作中的决策和行为。同样，职业行为习惯，如工作的效率、团队合作的方式、解决问题的策略等也是通过长期的实践和积累形成的，其一旦形成，就会成为一种稳定的行为模式。

虽然职业素养具有稳定性，但并不意味着它是不可改变的。相反，职业素养是可以通过持续的学习和实践来得到改善和提升的。随着新技术、新知识的不断涌现，我们需要持续学习，更新我们的知识和技能，以适应不断变化的职业环境。同样，随着我们对工作的深入理解和对社会的更深认识，我们的职业道德和行为也可能发生变化，以更好地适应我们的工作和生活。

（三）内在性

职业素养的内在性同样是一个显著特征，它体现在个体的价值观、行为习惯、思维模式等深层次的心理结构上。

首先，内在性体现在个人的价值观上。价值观是人内心深处对事物的本质属性和相对重要性的看法，它决定了个人在面对职业选择和决策时的倾向和方向。在长期的职业活动中，人会形成一种稳定的职业价值观，这种价值观体现在其对工作的热情、对质量的追求、对职业道德的坚持等方面，是职业素养的重要组成部分，指导着个人的职业行为，促使其在工作中始终做出符合职业道德和职业要求的行为。

其次，内在性体现在个人的行为习惯上。行为习惯是人在长期的职业活动中形成的稳定的行为方式，它是人在面对职业任务时的默认反应，是人在工作中自然而然表现出来的行为模式。这种行为习惯是内化在个人内心深处的，是其自然反应，不需要通过意识的努力就能表现出来。这种内在的行为习惯是职业素养的重要组成部分，在个人的工作中起到了稳定和指导的作用，保证了工作的效率和质量。

最后，内在性体现在个人的思维模式上。思维模式是人在处理职业问题时的思维方式和方法，它决定了人在面对问题时的解决策略和方式。在长期的职业活动中，人会形成一种稳定的职业思维模式，这种思维模式体现在其对问题的理解、对解决方案的选择、对新信息的处理等方面。这种内在的思维模式是职业素养的重要组成部分，它在个人的工作中起到了解决问题和推动工作的作用。

（四）整体性

职业素养的整体性是指职业素养不仅仅是单一维度的素质或技能，而是一个人全面的素质和能力的总和。这涵盖了他们的思想政治素质、职业道德素质、科学文化素质、专业技能素质和身心素质。当我们谈论一个人的职业素养时，我们需要考虑这个人的所有这些方面，而不仅仅是他们在一个领域的表现。

思想政治素质是一个人对社会主义核心价值观的理解和接纳，他们的世界观、人生观和价值观，对社会的责任感和使命感，对职业的热爱和尊重，对同事和客户的尊重都是思想政治素质的重要组成部分。职业道德素质是一个人在工作中遵循的行为规范和原则，包括诚实、公正、尊重、责任和专业性。职业道德素质体现了一个人在面对职业挑战和道德决策时的品行和选择。科学文化素质是指一个人在学术、科学和文化领域的知识和理解，包括对基础科学知识的理解、对文化传统和社会现象的理解，以及对新技术和新趋势的认识。专业技能素质则涉及一个人在特定职业领域中的技能和能力，包括他们的技术技能、问题解决能力、创新能力、领导能力和团队协作能力等。身心素质是指一个人的身体健康和心理健康，包括他们的身体状况、心理状态、压力管理能力和情绪管理能力。

因此，一个人的职业素养是以上这些各个方面素质和能力的总和。如果一个人在某一方面表现优秀，但在其他方面表现不佳，那么我们不能说这个人的职业素养好；相反，只有当一个人在所有这些方面都表现出良好的水平时，我们才能说他们的职业素养好。因此，职业素养的一个重要特征就是其整体性。

（五）发展性

职业素养的发展性体现在随着时代的进步和社会的变化，职业素养也在不断进化和提高。这一特性突出了职业素养的动态性和适应性，反映了人们对于适应社会变化、提升自我，以及追求卓越的持续努力。

发展性的一个核心因素是知识和技能的更新。随着科技的快速进步，新的知识和技术不断涌现，使得职业领域的要求也在持续变化。因此，一个人的职业素养必须具备学习和适应新知识、新技术的能力。这就需要他们具备持续学习和自我提升的动力和习惯，以适应和把握新的机遇与挑战。职业素养的发展性还体现在对变化环境的适应能力。在经济全球化、社会多元化的背景下，职业环境的复杂性和不确定性越来越高。这就需要职业人士具备更高的灵活性和适应性，包括对不同文化的理解和尊重，以及跨文化沟通的能力。职业素养的发展性还表现在个人价值观和职业道德的提升。随着社会对公平、公正、可持续发展等价值的更高要求，职业人士需要反思和提升自身的职业道德和责任意识，以更好地服务社会和人类的福祉。职业素养的发展性还表现在心理和身体健康的维护。在高压和快节奏的工作环境中，职业人士需要更好地管理自己的压力和情绪，保持良好的身心健康，以应对职业生涯的挑战。总的来说，职业素养的发展性是一种主动的、持续的、全面的提升过程，它需要职业人士具备积极的心态、坚持不懈的努力，以及对卓越的追求。

第二节　大国工匠精神与职业素养的内在联系

一、价值选择趋同

随着产业的转型升级，中国正从制造大国向制造强国转变，优质产品和优质服务背后是中国制造大国工匠精神的外在体现。大国工匠精神的核心追求是精益求精，是对产品和服务尽善尽美、高度负责的价值追求。大国工匠精神的价值取向既是自身内涵，也是时代所需，未来，中国的产业发展必须把大国工匠精神融入其中。技术技能型人才是我国产业发展的重要力量，肩负着我国的生产制造等重要任务，培养技术技能型人才必须面向社会实际、符合时代需要，满足国家产业发展的要求。培养技术技能型人才需要学生具备较高的职业能力和职业素养，其中岗位人文精神的培育非常重要，同时，需要强调实践操作能力的重要性。另外，精益求精的进取精神也是大国工匠精神的具体反映。因此，大国工匠精神和学生职业素质培养的核心理念和价值选择具有内在的逻辑联系。

随着全球经济的深度融合，竞争日趋激烈，职业素养已经成为评价一个行业、一个企业甚至一个国家竞争力的重要标准。正如我们经常说的，工匠和工匠精神就是制造业的灵魂。而在这个过程中，职业素养和大国工匠精神的价值选择趋同，二者的内在联系日益显现。大国工匠精神是以精益求精、一丝不苟为核心价值取向的。它强调的是持续努力、创新和追求卓越，与职业素养中追求高质量工作的要求相一致。这点在现代社会尤其重要，因为在现代社会，信息化、数字化、网络化、智能化等趋势日益明显，技术革新的速度越来越快，职业素养的要求也越来越高，因此，无论是大国工匠精神，还是职业素养，都强调需要不断地学习、掌握新的知识和技能，提升自我，为社会创造更大的价值。大国工匠精神还强调责任和承诺。这与职业素养中的职业道德、职业责任感和职业信念相吻合。这一点在现代社会尤为重要，因为现代社会更加强调个人的社会责任和企业的社会责任。因此，无论是大国工匠精神还是职业素养，都要求把社会责任和个人责任结合起来，以实现社会和个人的共同发展。大国工匠精神同样注重专业化和技术化。这与职业素养中的专业技能、专业知识和职业技能相一致。这一点在现代社会尤其重要，因为现代社会是一个知识经济社会，专业化、技术化的要求越来越高。因此，无论是大国工匠精神，还是职业素养，都需要不断提升专业技能、专业知识和职业技能，以满足现代社会的需求。

二、基本意蕴吻合

大国工匠精神是职业素养培育的灵魂。在学生职业素质培养中融入大国工匠精神既是国家发展的客观需要，也是两者内涵意蕴高度一致的体现。大国工匠精神融入产业升级是当前经济发展的客观要求，大国工匠精神的本质是对生产和服务高品质的极致追求，核心内涵是专注投入、极致追求的职业精神和职业态度。高素质技术技能型人才肩负着推动国家复兴的使命，培养必须满足社会需求、具备时代发展所需的大国工匠精神。

大国工匠精神和职业素养并非孤立存在，而是紧密相连、互为补充的两个方面。当我们谈论职业素养时，实际上也在谈论大国工匠精神。而大国工匠精神又是职业素养的重要表现和提升方式。两者的意蕴是相通的，都是为了更好地适应和推动社会的发展，以满足社会对人才的需求。大国工匠精神是职业素养的灵魂，它的核心内涵是专注投入、极致追求，这种精神不仅是对工作的敬业和热爱，也是对专业技能的精益求精和不断提升。这与职业素养的基本要求高度一致，无论在工作态度上，还是在专业技能上，都是追求极致和精益求精。

另外，大国工匠精神也是职业素养的表现和提升方式。职业素养的提升并非一蹴而就，而是需要通过长期的学习和实践，通过对工匠精神的理解和实践来提升自己的职业素养。这也是职业素养和大国工匠精神内在联系的表现，两者在提升过程中相互促进，共同推动了个人的成长和社会的发展。在当前的社会背景下，大国工匠精神和职业素养的内在联系更加显著。随着经济社会的发展，对于高素质技术技能型人才的需求越来越大。这就要求我们在职业素养的培养中，更加注重大国工匠精神的灌输和培养，以满足社会的需求，推动国家的发展。

三、实践路径一致

大国工匠精神培育和高职院校学生职业素质培养的实践路径是吻合的。大国工匠精神具有鲜明的时代特征，是我国当今产业发展需要重点关注和培养的核心要素，大国工匠精神自身所包含的创新进取精神也是推动产业结构优化升级的重要因素。而高素质技术技能型人才的培养需要在理论与实践上同时下功夫。首先，高校必须强化实践意识，以培养学生的实践操作技能为突破口，精准对接岗位需求。其次，高校需要整合多方力量协调推进，深入开展校企合作，在育人实践中，真正把大国工匠精神落实到方方面面。最后，技能型人才的培养必须通过有效的实践过程才能实现，高校要以社会需要、岗位需求为指引，强化学生的实践技能，培养其综合素质。

大国工匠精神和职业素质的实践路径一致，反映了现代职业教育的核心特质和本质要求。毕竟大国工匠精神强调的是实践性，是在日复一日的工作中，通过精益求精、一丝不苟的态度，不断提高专业技能和工作效率，以实现产业升级和社会进步。而职业素质的培养也需要通过实践，这样才能真正理解和掌握职业技能，才能真正培养出热爱本职工作、有责任心、有创新精神的优秀技能型人才。

教育机构和企业需要紧密配合，共同培养职业素质高的技能型人才。教育机构不仅要提供理论知识，还要提供充足的实践机会，让学生在实践中了解职业、理解职业、掌握职业。而企业则要积极参与到职业教育中来，提供实习岗位和实践平台，让学生在真实的工作环境中体验工作、了解行业、提升技能。这一实践路径的贯彻需要高校对教育和产业发展的关系有深入的理解，把握教育对社会发展的服务功能。大国工匠精神和职业素质的实践路径一致，是教育服务社会、推动国家发展的重要路径。高校需要通过深化校企合作，加强实践教学，培养更多具备高素质职业素养和大国工匠精神的技能型人才，以推动我国从制造大国向制造强国的转变。

第三节　大学生职业素养的提升与大国工匠精神

一、科学设计课程

课程设计是提升大学生职业素养、贯彻大国工匠精神的重要手段。通过精心设计，能够将工匠精神融入课程中，既让学生了解工匠精神的理论基础，又让他们在实际操作中体验和习得工匠精神。

设计与工匠精神相关的课程，首先，高校需要深入理解工匠精神的内涵。工匠精神不仅是专业技能的娴熟，更是一种对待工作的态度，一种对技术精益求精、对结果一丝不苟的精神状态。这是一种严谨的态度、一种追求极致的决心、一种细致入微的做事风格。基于对工匠精神的理解，高校可以将课程设计为理论和实践相结合。理论课程应涵盖工匠精神的历史、理念、方法和现代应用等内容，以帮助学生从理论层面理解工匠精神。此外，课程还应加强学生的职业素养培养，包括职业道德、职业行为习惯、职业技能等方面，使学生在理解工匠精神的同时，提升自己的职业素养。然而，理论学习只是工匠精神教育的一部分，真正的工匠精神需要在实践中体现出来。因此，实践性强的课程在课程设计中占有重要地位。如实验课、实训课、项目实践课等，这些课程让学生直接体验从事专业工作的感受，让他们在实际操作中理解并习得工匠精神，使他们能在解决实际问题的过程中，培养专业技能，提升职业素养。

举例来说，可以开设"大国工匠精神与职业素养"专题课程。该课程可以从工匠精神的历史渊源、理念及其在现代社会的重要性进行讲解，同时，结合实际案例，让学生理解工匠精神在具体工作中的运用和体现。此外，该课程还可以设计实际操作环节，例如，模拟工作场景，让学生在实践中感受工匠精神，了解如何运用工匠精神去解决实际问题。在此过程中，教师的作用至关重要。他们不仅需要引导学生理解和掌握工匠精神，还需要通过自身的行为示范，向学生展示什么是工匠精神、怎样将其融入日常的学习和工作中。

二、加强教师示范作用

作为一种时代精神，大国工匠精神作用于学生的内心，进而指导学生的实践，因此，加强教师示范作用，深化学生对于大国工匠精神的体验与感受，对于促进大学生职业素养的提升和大国工匠精神的贯彻至关重要。教师不仅是传递知识的人，而且是塑造学生价值观与人格的重要角色。他们自身就应该体现出工匠精神，因为他们是学生模仿的对象，一举一动都可能影响学生的职业态度和价值观。

在教学过程中，教师应该以自己的专业素养、严谨求真的工作态度和高尚的职业道德来引导和激励学生。他们应该通过言传身教，树立良好的职业形象。教师的职业素养不仅表现在专业知识和教学能力方面，还表现在教学态度、教学行为和人格魅力等方面。他们在课堂上的每个细节都可能对学生产生深远影响。教师的责任感、严谨的工作态度、尊重学生的教学方式都是体现工匠精神的重要方式。而这些正是职业素养培养的重要内容。同时，教师也应该主动创建让学生体验工匠精神的机会。例如，组织学生参与一些具有实践性和挑战性的课程项目，让学生在解决实际问题过程中，亲身体验专业技能的重要性，以及工匠精神在其中的体现。这样，学生不仅能够理解工匠精神的理论，也能够在实践中真正感受工匠精神。此外，教师也可以借助校外资源，如邀请社会各行业的优秀代表来校开展讲座，分享他们工作中体现工匠精神的经验和故事，以此激发学生对工匠精神的认同和追求。

在提升大学生职业素养和贯彻大国工匠精神的过程中，教师起到了不可或缺的作用。他们不仅是知识的传播者，也是价值观的塑造者。他们以自己的职业精神引领着学生对工匠精神的认知和接纳。因此，高校必须加强教师示范作用，让他们成为学生学习工匠精神、提升职业素养的重要引导者。对于教师来说，不仅要在课堂上表现出高尚的职业道德和严谨的教学态度，而且要在课堂外展现工匠精神的核心价值。例如，在学生的科研活动中，教师要引导学生坚持求真务实，注重实验操作的每个细节；在学生的社会实践中，教师要引导学生将工匠精神落实到实际行动中，关注社会问题，提供专业的解决方案。在教学内容上，教师也要引导学生理解和领悟工匠精神的内涵。通过案例分析，解读工匠精神在实际生活中的体现；通过主题讨论，引导学生深入思考工匠精神与职业素养的关联。同时，教师还应该鼓励学生自主学习，培养学生独立思考和解决问题的能力，这是大国工匠精神的重要体现。在培养学生职业素养的过程中，教师也要注意培养学生的创新意识。在当前社会，不断创新、持续进步是实现职业发展的重要因素。教师要引导学生理解工匠精神并不仅仅是精益求精，更是在工作中追求创新、追求卓越。教师还应该倡导全校师生共同努力，共同推进大国工匠精神的学习和实践，建立良好的学习氛围和实践氛围。只有这样，大国工匠精神才能在学生中得到真正的理解和接受，从而更好地提升大学生的职业素养。

三、积极组织实践活动

组织学生参与各种与其专业领域相关的实践活动，如实习、项目研究、社区服务等，让学生在实际工作中感受工匠精神的力量，提高自己的专业技能和职业素养。

积极组织实践活动是培养大学生工匠精神和提升职业素养的重要途径。实践活动不仅能够使学生将课堂中的理论知识应用到实际工作中，而且能让他们在实际的操作过程中更快地提升。

实践活动能够让学生更好地理解和领悟工匠精神。工匠精神是一种实践出来的精神，它要求高校学生在具体操作中，追求完美，精益求精。通过实践活动，学生能够亲身体验这种追求卓越的过程，理解工匠精神的真谛，增强对工匠精神的认同感。实践活动还能够提高学生的专业技能。学习不仅仅是理论知识的获取，更重要的是专业技能的磨炼。通过实践活动，学生能够在实际操作中，提高自己的专业技能，增强对专业知识的掌握和运用能力，从而提高自己的职业素养。与此同时，实践活动能够培养学生的团队协作能力。无论是实习、项目研究，还是社区服务，都需要学生与他人协作，共同完成任务。在这个过程中，学生能够学习如何与他人沟通、如何协调关系、如何解决团队中的问题。这些都是职业生涯中非常重要的能力，也是提升职业素养的重要方面。

为了更好地组织实践活动，学校和教师可以采取多种方式。首先，可以与企业、机构等合作，为学生提供实习的机会。这不仅可以让学生了解职场的真实情况，也可以让他们在实际工作中，亲身体验工匠精神。其次，可以组织各种项目研究，让学生在解决实际问题的过程中，提高专业技能和解决问题的能力。此外，可以组织社区服务活动，让学生在服务社区的过程中，感受工作的价值和意义，增强社会责任感。

四、加强校企合作

加强校企合作是推进工匠精神传承与创新、提升学生职业素养的一条有效途径，以促进大国工匠精神的培养和大学生职业素养的提升。与企业紧密合作，开展校企双选、产教融合等活动，能让学生有更多机会接触职业工作环境，亲身体验并理解工匠精神在实际工作中的运用，与此同时，学生在此类活动中能更好地理解和认知社会、行业的需求，从而提高自身的职业素养。

校企合作能够为学生提供真实的职业环境，使他们亲身体验工作的实际情况，了解企业的运营模式和工作流程，感受大国工匠精神在实际工作中的运用。例如，企业可以提供实习的机会，让学生在实习期间参与实际的工作中，感受职场的压力和挑战，体验追求卓越、精益求精的工匠精神。对于学生来说，这样的体验，无疑是非常宝贵的，能够极大提升他们的职业素养。通过校企合作，学生也可以更好地了解社会、行业的需求，从而做出更符合自身职业规划的选择。大学生在校园中的学习往往理论性较强，而真实的社会环境和行业环境往往是复杂多变的。通过参与企业的实际工作，学生能够深入理解社会、行业的需求，以及职业的本质，这对于他们做出正确的职业选择、发展职业生涯是非常有帮助的。

校企合作还能帮助学生建立自己的人脉网络，拓宽职业发展的视野。在校企合作的过程中，学生有机会接触各行各业的专业人士，可以学习各种职业技能和工作经验，同时可以借此机会，建立自己的人脉网络。这些人脉资源对他们未来的职业发展非常有价值。

为了更好地加强校企合作，高校可以积极与企业建立合作关系，制订相应的合作计划和实施细则。企业也可以积极参与到校企合作中，为学生提供实习的机会，共同培养出具备工匠精神和高职业素养的高素质人才。

五、创新评价机制

创新评价机制能够有效引导学生积极投入学习和实践中，努力提升职业素养。如果高校能够建立以工匠精神为标准的评价机制，那么将极大地鼓励和激励学生去提升自身的技术技能，培养自己的创新思维，追求精益求精的工作态度。在此基础上，高校可以设立奖学金或者"优秀学生"称号，对那些在职业素养方面表现出色的学生给予奖励，这将进一步激发学生的学习动力，促进他们积极追求职业素养的提升。

工匠精神是一个重要的评价标准，体现了一个人对专业技术的精益求精、对工作的严谨负责，以及对结果的不断追求。当高校把工匠精神作为评价标准，那么学生就会更加重视技术技能的提升，更加关注自己的工作态度和结果，这将有利于他们职业素养的提升。为了能够更有效地评价学生的职业素养，高校需要在评价机制中引入工匠精神。这可能涉及对评价体系的改革，如引入技术技能的评价、加大对工作态度和结果的考核，甚至可能需要引入社会评价和企业评价。高校可以通过设立奖学金或者优秀学生称号等有效的激励手段。这可以通过公平公正的评价机制，选出那些在职业素养方面表现出色的学生，并给予他们奖励。这种奖励不仅可以提高学生的自信心，也可以激励他们继续努力，持续提升自身的职业素养。

第八章　大学生大国工匠精神培育的创新探索

第一节　以爱国主义为核心的大学生大国工匠精神培育

一、爱国主义与大学生大国工匠精神培育之间的关系

（一）爱国主义是大国工匠精神的内在动力

爱国主义是一种强烈的情感和信仰，代表着对祖国的忠诚、热爱和奉献精神。对于大学生来说，爱国主义是一种内在的动力和精神支撑，它激发和推动着他们在实践中发扬大国工匠精神。

首先，爱国主义意味着对国家的忠诚和责任感。大学生作为祖国的未来和希望，肩负着实现国家繁荣和发展的重要责任。他们深深地意识到自己所处的时代和环境，对国家的前途和命运有着深厚的关切和责任感。这种责任感将驱使他们努力学习，提高自身的素质和能力，为国家的发展贡献自己的力量。

其次，爱国主义培养了大学生的家国情怀。通过学习国家的历史、文化和传统，大学生对祖国的深厚情感和热爱逐渐形成。他们认识到自己所享受的一切来自祖国的发展和付出，因此，对祖国的繁荣和稳定有着深切的渴望。这种家国情怀将激发他们在工作中追求卓越和更高的质量，努力将自己的事业发展与国家的利益紧密相连。

最后，爱国主义也强调了大学生的社会责任感。他们意识到自己不仅是个体的追求者，而且是社会的一员。他们深知自己的行动和决策将影响社会的发展和进步。因此，大学生应该积极承担社会责任，通过自己的工作和创新，为社会带来更大的价值。大国工匠精神的培育要求学生具备社会责任感，注重公共利益，为社会的发展贡献自己的力量。爱国主义还注重培养大学生的家国情怀和文化自信。通过学习和了解国家的历史、文化和传统，大学生能够更好地认识自己的身份和使命。他们将传统文化和民族精神融入自己的行为和工作中，保持对传统价值的尊重和传承。同时，他们也将传统文化与创新相结合，从而推动文化的创造性转化和创新发展。

（二）大国工匠精神能够加强和深化大学生的爱国主义情感

大国工匠精神的培育对于加强和深化大学生的爱国主义情感具有重要意义。工匠精神强调追求卓越、追求品质和追求创新，这与爱国主义所倡导的对祖国的忠诚和奉献精神是一致的。通过深入学习和实践，大学生能够更加全面地认识和体验工匠精神在实际工作中所带来的成就感和自豪感，从而加深对祖国的热爱和认同。

首先，大国工匠精神培育强调追求卓越和品质。在学习和实践的过程中，大学生通过对知识和技能的深入研究和实践应用，努力追求卓越的学术成果和专业技能，从而不断提高自身的素质和能力。这种追求卓越的精神与爱国主义所倡导的对国家繁荣和发展的追求是一致的。大学生通过在学习和实践中不断追求卓越，为国家的进步和发展做出贡献，进而加深对国家的热爱和认同。

其次，大国工匠精神培育注重创新和创造力的培养。创新是国家发展的重要驱动力，而创新能力的培养离不开对国家的热爱和责任感。大学生在培养工匠精神的过程中，通过实践和创新活动，锻炼自己的创新思维和创造力，培养解决问题和创新的能力。这种创新精神与爱国主义所倡导的为国家的发展做出贡献的精神是一致的。大学生通过发扬工匠精神中的创新能力，为国家的科技进步和社会发展做出积极的贡献，进而加深对祖国的热爱和认同。

此外，大国工匠精神的培育也注重实践和奉献精神的培养。在学习和实践中，大学生通过参与社会实践、志愿服务等活动，体验工匠精神带来的成就感和自豪感，同时体验为社会做贡献的喜悦和自豪。这种实践和奉献精神与爱国主义所倡导的为国家和社会的利益而奋斗的精神是一致的。大学生通过实践和奉献，为国家的繁荣和发展贡献力量，进而加深对国家的热爱和认同。

（三）对于社会责任的重视

爱国主义和大国工匠精神的培育之间存在着紧密联系，体现在对社会责任的追求上。作为社会的一员，大学生肩负着推动社会发展和进步的责任和使命。大国工匠精神的培育要求学生积极承担社会责任，关注国家和社会的发展需求，并通过自己的工作和创新为社会带来更大价值。这种积极的社会责任感也是对爱国主义情怀的具体体现。

大国工匠精神的培育强调追求卓越和品质。在学习和实践中，大学生通过努力追求卓越的学术成果和专业技能，不断提高自身的素质和能力。这种追求卓越的精神使得大学生能够为社会提供更高水平的服务和贡献，推动社会的发展和进步。他们不仅追求个人的成功，而且关注社会的福祉和发展，以实际行动践行着爱国主义情怀。

大国工匠精神的培育注重创新和创造力的培养。创新是社会进步的重要驱动力，而创新能力的培养离不开对社会责任的认同和担当。大学生在培养工匠精神的过程中，通过实践和创新活动，锻炼自己的创新思维和创造力，培养解决问题和创新的能力。他们不仅关注个人的创新成果，更将其应用于解决社会问题和满足社会需求，为社会的发展和进步贡献自己的力量。这种积极的社会责任感是对爱国主义情怀的具体体现。

此外，大国工匠精神的培育也强调实践和奉献精神的培养。大学生通过参与社会实践、志愿服务等活动，体验工匠精神带来的成就感和自豪感，同时体验为社会做贡献的喜悦和自豪。这种实践和奉献精神使得大学生能够关注社会的发展需求，积极投身社会实践，为社会的改善和进步贡献自己的力量。

二、以爱国主义为核心的大学生大国工匠精神培育路径

（一）强化理论教育

理论教育是塑造大学生爱国主义核心价值观的重要方式。大学生作为国家未来的栋梁，思想观念、价值取向对于国家的未来具有深远影响。因此，对于大学生来说，爱国主义教育不仅需要让他们理解爱国主义的内涵和重要性，而且需要让他们明白如何将爱国主义的理论与自己的实际行动结合起来，这样才能真正做到学以致用，将爱国主义转化为推动个人成长和社会进步的动力。

教育者需要通过开设相关课程，让大学生系统地学习爱国主义理论。这些课程不仅应该包括国家历史、文化，还应该包括国家的现状和未来，以及大国工匠精神在其中的角色和价值。这样可以使大学生在了解国家历史的同时，更好地理解国家的现状和未来，明白大国工匠精神在其中的重要作用。

教育者可以引入一些具体案例，使学生更好地理解和感受大国工匠精神。这些案例可以是一些著名的工匠，他们以精湛的技艺和坚韧的品质为国家的发展做出了重要贡献。通过学习他们的事迹，大学生可以更直观地了解大国工匠精神的实质和意义，从而更好地理解爱国主义的内涵和价值。

教育者还应该引导大学生思考如何将所学的理论知识与实际生活结合起来，让他们在理论学习的基础上，寻找自己生活中的实践机会，并通过参与各种社会实践活动，将爱国主义和大国工匠精神的理论转化为实际行动，以此培养他们的实践能力和社会责任感。在这个过程中，大学生不仅可以增强自己的社会实践能力，也可以深入体验和理解爱国主义与大国工匠精神的深远意义。

（二）重视实践教育

类型丰富的实践教育是大学生接触社会、了解国情、感知生活、锻炼能力的重要途径。它将理论学习与现实生活紧密结合，使得大学生有机会将所学知识运用到实际生活中去。对于以爱国主义为核心的大国工匠精神的培育而言，实践活动更是必不可少的环节。

学校应该组织大学生开展一系列以爱国主义为主题的社会实践活动。社会实践活动形式既可以是实地考察，让学生走出校园，深入社会，亲身感受国家的发展和变迁，了解社会的繁荣与问题，感受人民的生活状态，从而深化他们对爱国主义的理解和情感认同，也可以是开展各种主题的社会服务活动，鼓励学生积极参与，为社区、为社会、为国家做出自己的贡献，同时提升自己的实践能力和社会责任感。

学校也可以大国工匠精神为主题，组织各类技术竞赛或创新项目。大国工匠精神的核心是专注技艺、追求极致，而这正是科技创新所需要具备的精神。因此，可以组织一些科技创新竞赛，让学生在竞赛中挑战自我，锻炼技能，实现创新。在这个过程中，他们不仅可以提升自己的技术能力，而且可以亲身体验工匠精神的魅力和力量。

学校还可以组织一些讲座、研讨会等活动，邀请一些在各自领域有突出贡献的专家、学者、工匠来校进行分享。他们的经历和精神可以激发学生的爱国情怀和工匠精神，使学生有机会从实际的角度了解和感受大国工匠精神和爱国主义的力量。

通过这些实践活动，大学生可以多角度、多层次地理解和感受爱国主义和工匠精神，更加深入地认识国家、了解社会、锻炼技能、提升自身，为成为具有社会责任感的现代工匠打下坚实的基础。

（三）强调学科融入

学科融入是将爱国主义和工匠精神的教育穿插在专业学习的过程中，将理论与实践、知识与精神、技术与道德紧密结合。对于大学生来说，专业学习是他们在大学期间的主要学习任务，因此，如何在专业学习中融入爱国主义和工匠精神的教育显得至关重要。

无论是理工科还是文科，无论是基础科学还是应用技术，都是服务于国家、社会和人民的。因此，专业学习本身就是一种爱国行为。只有深入学习、掌握和运用专业知识，才能更好地为国家和社会的发展做出贡献。在这个过程中，高校可以引导学生思考自己所学的专业知识和技能如何与国家的发展、人民的生活紧密相关，如何能够服务于国家、社会。

在专业课程的教学过程中，可以引入与爱国主义和工匠精神相关的案例和问题，让学生思考和讨论。比如，在工程技术类的课程中可以引入一些国家重大工程的案例，让学生了解这些工程是如何影响和改变国家与人民生活的，以及是如何体现工匠精神的；在经济管理类的课程中可以引入一些关于国家经济政策、企业管理改革的问题，让学生思考如何从经济管理的角度为国家的发展做出贡献；在人文社科类的课程中可以引入一些关于国家历史文化、社会伦理道德的问题，让学生思考如何从人文社科的角度理解和传承爱国主义和工匠精神。

高校还可以鼓励学生在专业学习中积极创新和实践。无论是科研项目、创新竞赛，还是社会实践、实习实训，都是学生深入理解和践行爱国主义与工匠精神的机会。在这些活动中，学生不仅可以深入掌握和运用专业知识，提高专业技能，而且可以了解和体验工匠精神，实现自我价值，为国家和社会的发展做出实际贡献。通过这样的学科融入，可以使大学生在专业学习的过程中，深入理解和体验爱国主义和工匠精神，形成深厚的爱国情感和坚定的工匠精神，为将来成为国家的栋梁、为国家和社会的发展做出贡献打下坚实的基础。

（四）注重校园文化建设

校园文化建设在培养学生的爱国主义和工匠精神中发挥着至关重要的作用。一个充满活力、爱国主义、工匠精神气息的校园文化环境能够深深地影响和塑造学生的思想观念和价值取向，激发学生的爱国情感和工匠精神，引导学生积极向上，努力学习，服务于社会。

爱国主义主题活动是校园文化建设的重要组成部分，可以通过多种形式举办，如爱国主义主题的演讲比赛、知识竞赛、读书会、研讨会、电影展览等。这些活动能够使学生更深入地了解国家的历史文化，感受国家的发展成就，体验爱国主义的伟大精神，萌发强烈的爱国情感。同时，这些活动也可以通过竞赛和交流的方式举办，从而提高学生的思辨能力和表达能力，培养学生的团队合作精神和领导能力。

工匠精神主题活动是培养学生工匠精神的重要途径，可以通过多种形式举办，如工匠精神主题的实践活动、创新竞赛、技能大赛、研讨会、工作坊等。这些活动能够使学生了解工匠精神的内涵和价值，感受工匠精神的魅力和力量，体验工匠精神的实践和创新。同时，这些活动也可以通过实践和竞赛的方式举办，从而提高学生的专业技能和创新能力，培养其坚韧不拔精神和精益求精的态度。

爱国元素和工匠精神的校园文化建设可以通过各种形式得以实施，如在校园内设置爱国主义和工匠精神的雕塑和壁画、举办爱国主义和工匠精神的摄影展览、编写和演唱爱国主义和工匠精神的歌曲、出版和阅读爱国主义和工匠精神的图书和期刊、播放和观看爱国主义和工匠精神的电影和视频等。这些元素和活动能够使爱国主义和工匠精神深入人心，影响和改变学生的思想和行为，使学生在日常的生活和学习中，不断感受和体验爱国主义和工匠精神，从而深深地热爱祖国、深深地热爱劳动、深深地追求精益求精。

第二节　校企协同推进大学生大国工匠精神培育

一、校企协同育人的内涵

作为大学生大国工匠精神培育重要实施路径的校企协同育人模式，其概念的界定相对比较清晰。2001 年，世界合作教育协会明确阐释了校企协同育人的概念，认为校企协同育人是指在教学过程中，帮助学生将课堂上所学的知识与实际的工作实践充分结合在一起，通过校企充分合作，使学生将在学校习得的相关理论知识运用到实际工作当中，同时，将在工作中遇到的问题和挑战带回学校，促进学校教学的发展。世界合作教育协会对于校企协同育人内涵的阐释表述得十分详细，对于校企协同育人开展的基本方式和目标指向也做出了说明，即学生通过校企协同育人往返于学校与企业之间，进行知识与实践的整合。

随着通过校企协同育人的方式进行专业人才的培养规模的不断扩大，我国学界关于校企协同育人的研究也不断增多。有学者认为："校企协同育人教育指的是以为社会培养合格的劳动者为目标，以提升高校教育的质量与劳动者的综合素质为指向，开展院校与相关企业之间的合作，将学生的理论知识与实践中的工作技能相结合，并最终推动社会经济的发展。"这个定义对于校企协同育人内涵的描述更加清晰、明确，并进一步丰富了校企协同育人的内涵，明确了校企协同育人的目标。①

综合学界对于校企协同育人内涵的研究，研究者主要从校企协同育人的性质出发，剖析校企协同育人的本质与运行机制，主要观点有以下几种。

（一）模式说

很多学者在校企协同育人内涵研究中支持模式说的观点。所谓模式说，即将校企协同育人的本质定义为一种人才培养模式，认为校企协同育人是一种充分利用学校与企业的教育资源，将课堂知识教学与实践技能训练相结合的人才培养模式。

该理论认为，既然校企协同育人的本质是一种人才培养模式，那么就应该强调人才专业发展的重要性，重视校企协同育人的教育作用与具体合作形式的构建，其主要内容应该紧紧围绕人才培养这一核心目标而展开。校企协同育人需要学校与企业之间展开全方位、多领域的合作，包括资源合作、技术合作、科研合作、信息合作，等等。

在人才培养的过程中，要充分开发与运用学校与企业各自的资源优势，在学校中，使学生能够学习到丰富的专业理论基础知识，而在企业中，使学生能够将课堂上所学的理论知识应用到实践之中，通过实践训练提升自身的实操水平，深化对于理论知识与实际工作的认知，将书本中的间接经验与实践中的直接经验充分结合，完善自身的专业素养。

校企协同育人在培养和提升人才专业素质的同时，对于学校与企业的发展也具有巨大的促进作用。首先，对于学校来说，可以通过校企协同育人提升办学水平。其次，校企协同育人能够帮助学校丰富人才培养方式，优化人才培养模式，提升人才培养质量。最后，学校还可以通过校企协同育人与企业联合进

---

① 李德方. 省域职业教育校企合作研究 基于江苏实践的考察 [M]. 苏州：苏州大学出版社，2019：24—26.

行教师培训，提升教师队伍的质量。对于企业来说，可以通过校企协同育人源源不断地获取高素质人才，从而为企业的进一步发展提供人才保障。

综上所述，模式说将校企协同育人看作一种人才培养模式，一种学校、企业和个人的联合发展模式，通过校企充分合作展开人才培养，最终实现学校、学生与企业的共赢。

（二）机制说

机制说认为，校企协同育人的本质是一种以社会和市场发展需求为导向的运行机制，强调校企协同育人过程的运行方式以及其中各要素（学校、企业、学生、社会）之间的结构关系。

机制说认为，校企协同育人是以提升学生的综合能力为重点、以培养符合市场与企业需求的应用型人才为目标，充分利用学校与企业的资源，采取课堂教学与工作培训相结合的教学方式，培养能够适应不同岗位的高素质应用型人才的教育模式。其中，企业是校企协同育人人才培养的主体，学校是人才培养的主导，作为培养对象的学生以及学校与企业的教育资源则是连接学校与企业的纽带。机制说通过剖析校企协同育人中各要素之间的关系及其运行方式来阐释校企协同育人的内涵。

在校企协同育人的概念界定上，机制说与模式说具有很多相似点，但是两种理论对于校企协同育人本质的观点则存在较大差异。与模式说将校企协同育人作为一种人才培养模式的看法不同，机制说认为校企协同育人是一种联通教育活动与生产活动的运行机制，强调对于校企协同育人的内容、目标、模式等进行明确的定义。机制说认为校企协同育人的基本内涵是产学合作，开展路径是工学结合，目标是提升学生的综合素质，为社会和企业的发展提供人才保障。

（三）中间组织说

中间组织说选择从功能的视角审视校企协同育人，将校企协同育人看成沟通学校与企业的桥梁、连接课堂教学与生产实践的纽带、帮助学生从校园走向社会的重要路径。中间组织说认为校企协同育人的本质是一个介于学校与企业之间的组织。

中间组织说强调校企协同育人的纽带作用，与机制说不同的是，机制说强调校企协同育人自身在育人方面的功能性，而中间组织说则强调校企协同育人在整个育人体系结构中的作用。①

综上所述，我们对校企协同育人的含义可以有一个相对全面且清晰的认识，校企协同育人指的是学校和企业以培养新时代发展所需的人才为目标，充分利用学校与企业的教育资源与教育环境，将课堂知识教学与生产实践训练相结合，展开深入的合作，培养高素质技能型人才，进而推动社会经济发展的人才培养模式。

二、校企协同育人的特征

与传统的人才培养方式不同，校企协同育人重视课堂教学与实践训练相结合的重要性，在实现人才培养目标的过程中，促使学校与企业深入融合，形成一个人才培养系统，通过充分发挥系统中各要素的功能，推动系统整体的发展，因此，相比传统教育方式，校企协同育人自身具有显著特点，如图 8-1 所示。

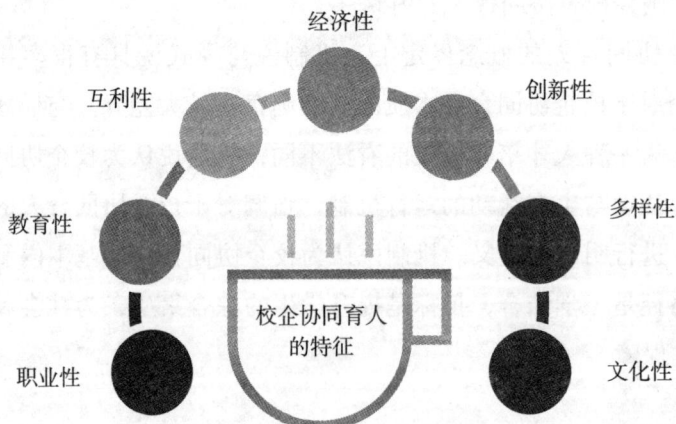

图 8-1　校企协同育人的特征

---

① 伍俊晖，刘芬.校企合作办学治理与创新研究 [M].长春：吉林大学出版社，2020：6-7.

（一）职业性

校企协同育人在职业人才培养中最为常见，因为相对重视理论知识教学与科研的研究型人才培养来说，重视实践技能训练的职业人才培养更加适配校企协同育人的人才培养模式。职业教育本身就是以培养符合社会和企业发展需求的实用型人才为目标，职业教育的人才培养模式包括产学结合、工学结合以及产学研结合，具有较强的实践性与针对性。校企协同育人能够帮助学生将具体理论运用到具体岗位的实践中，深化学生对于理论知识的理解。

校企协同育人人才培养的主要形式是课堂教学与生产活动相结合，主要目标是培养高素质专业型人才，因此，校企协同育人既强调实操技能的训练，也重视专业理论知识的教学，使学生在具体的生产实践中更好地将理论与实践相结合，将所学知识切实运用到实际的工作情境中去，逐渐提升学生的职业素养和专业能力，帮助学生顺利完成从校园到社会的过渡。

校企协同育人人才培养模式的人才培养目标、人才培养过程以及人才培养成果均具有十分明确的岗位针对性，这种人才培养的方式一方面能够帮助学生实现专业化发展，另一方面能够使培养出的人才与行业的需求精准匹配。由此可以看出，校企协同育人具有鲜明的职业性。

（二）教育性

通过前面我们对于校企协同育人含义的总结与分析可以看出，人们对于校企协同育人的本质有不同看法，但是在对校企协同育人进行定义时，均将其看作一种人才培养模式。校企协同育人的人才培养功能是其所有功能中最为显著也最为重要的功能，可以说，校企协同育人人才培养模式是一种实践性较强的教育模式，教育性是其本质特性之一。

校企协同育人的首要目标是培养高素质的技能型人才，双方在合作过程中应该将人才培养放在工作的首位，只有提升人才培育的质量，培养出具有较强综合素质的专业型人才，才能实现校企协同育人系统的整体发展，使校企协同育人的成果惠及校企协同育人中的各组成要素。

校企协同育人要求政府、学校、企业等人才培养主体遵循产教融合的理念，以实际岗位的需求为导向，强化育人意识，明确人才培养目标，优化理论与实践课程设置和教育模式，创新教学方法，多主体共同参与人才的培养。校企协同育人中，人才培养的一系列举措体现了其教育性的本质。

（三）互利性

政府、学校、企业与学生个人的利益存在一定差异，政府与学校均重视社会效益，政府重视区域的全方位发展，学校重视为社会提供高素质人才，并实现自身办学水平的提升。企业重视经济效益，经济效益是企业赖以生存的基础，只有不断优化生产结构、提升经济效益，企业才能在激烈的市场竞争中占据一席之地。学生则重视自身的发展，通过学习知识与技能，从而更好地实现自我价值。利益是事物发展的重要驱动力，校企协同育人是政府、学校、企业与学生等多种要素共同组成的人才培养系统，该系统的良好运行离不开系统各组成要素之间利益的协调。

校企协同育人中的"合作"，既体现了校企协同育人模式需要学校与企业双方共同参与的特性，又体现了该模式符合学校与企业共同利益的特点，因此，在校企协同育人的过程中，要找到政府、学校、企业与学生个人的利益结合点，并根据各方的共同利益组织开展人才培养。

在校企协同育人组织运行的过程中，政府、学校、学生与企业之间的目标与利益具有密切联系，如果校企协同育人的各参与方没有共同利益，那么这种合作很难长期维持，因此，可以说，互利性是校企协同育人得以实现的重要前提和基础。

（四）经济性

经济发展是社会发展内涵中最主要的组成部分之一，经济基础决定上层建筑，而经济发展水平的高低对于区域基础设施、文化、教育、环境等领域的建设和发展具有重要影响。高校人才培养的目的之一就是促进区域整体的发展，且在校企协同育人中，企业是人才培养的主体，人才培养模式具有鲜明的职业性，因此，校企协同育人人才培养对于各主体实现经济效益具有重要的促进作用。

可以说，无论是政府、学校、企业，还是学生个人，都能通过校企协同育人获得一定的经济利益。校企协同育人的目的是为社会主义市场经济发展提供高素质人才。对于企业来说，校企协同育人的人才培养模式能够源源不断地为企业提供高素质人才，为企业生产活动的优化升级和进一步发展提供人才保障，提升创造价值的能力，扩大经济效益。因此，经济需求是企业参与校企协同育人的重要动力。对于学生个人来说，校企协同育人的人才培养模式能够全面提升学生的专业素质，促进学生的就业，为学生未来的发展打下良好的基础。

在校企协同育人中，经济利益是政府、学校、企业与学生个人的共同利益，是校企协同育人系统中各个组成要素的重要利益契合点之一，而良好的校企协同育人则可以实现各方的经济利益诉求，因此，无论从目的、组织形式还是成果来看，经济性都是校企协同育人的重要特性之一。

（五）创新性

创新是当今时代最为重要的发展理念之一，是国家发展的重要驱动力。创新可以赋予各类组织运行机制以强大的生命力，同样，创新也是组织运行发展的关键因素。创新性是校企协同育人显著的特性，这点从校企协同育人的组织形式、人才培养的理念以及自身的发展中可以鲜明地体现出来。

首先，从校企协同育人的组织形式来看，校企协同育人模式本身就是以创新为理念，在实践中探索职业教育发展方向的成果。现代校企协同育人模式的发展历程并不长，人们将教育实践与产业发展实践充分结合进行探索，最终探索出校企协同育人的人才培养模式。

校企协同育人的人才培养模式与传统的教育模式之间存在很大不同，在传统的教育模式中，理论教学与实践教学相对分离。重视研究型人才培养的教学模式强调理论教学的重要性，忽视实践教学；而重视技能型人才培养的教学模式则强调具体实操技能的训练，对于理论基础知识的教学重视不足。现代社会的发展对于高素质专业型人才的需求越来越大，许多新兴产业存在巨大的人才缺口，传统的人才培养模式并不能符合行业发展的需求，因此，校企协同育人人才培养模式逐渐受到人们的重视。

校企协同育人将企业作为人才培养的主体，这在传统的高校教育模式中是十分罕见的。学校与企业之间的充分融合也与传统的以学校作为单一人才培养主体的教育模式存在巨大不同。学生的学习场所在课堂与实际工作岗位中灵活切换，也与传统教育模式中以课堂作为知识传授主要场所的教学形式存在较大差异。因此，我们可以看到，校企协同育人的创新性首先表现在其组织形式的创新上。

其次，校企协同育人的创新性还体现在其教育理念与教育内容的创新上，伴随着人才培养组织形式的创新，教育的内容也随之焕然一新，学生不再是坐在课堂中机械地学习和记诵理论知识，而是在理论知识学习与实践技能训练相结合的过程中，将理论知识充分运用于实践中，再通过实践深化对理论知识的认识将实践中发现的问题带回课堂之中进行讨论与研究，并将课堂上所学的间接经验与实践中所获得的直接经验充分融合，从而实现自身知识体系与能力体系的提升。

创新也是校企协同育人重要的教育内容，创新是时代发展的重要驱动力，是新时代人才必须具备的素质。校企协同育人作为新兴的人才培养模式，对于学生创新意识与创新能力培养的重视程度不言而喻。学生通过校企协同育人的人才培养模式，能够学习专业前沿的理论知识与实践技能，实现自身创新素质的提升。

最后，校企协同育人模式的进一步发展也需要创新发展的理念作为支撑。没有任何一种模式适用于任何时代和任何区域，照搬发展模式是行不通的。市场经济的发展变化与区域发展的差异性，使得高校与企业需要根据事件的发展情况以及区域的发展特点来制定最适合自身的校企协同育人模式，以求真务实的态度与改革创新的精神寻求校企协同育人的最佳途径。

（六）多样性

校企协同育人具有多样性的特征，校企协同育人的多样性体现在合作内容的方方面面。学校与企业之间的合作模式不是一成不变的，如果校企协同育人想达到预期的人才培养目标，就需要学校与企业之间深入开展全方位的合作，从合作的内容到合作的方式，再到组织机制的运行和人才培养的内容，都需要呈现多样化的特点。

校企协同育人的多样性是实现多方共赢的重要保障，是校企协同育人获得持续发展的重要前提。校企协同育人的多样性能够使学校与企业之间展开多领域、全方位的合作。当然，在这一过程中，学校与企业要始终遵循培养高素质人才这一基本目标。

在校企协同育人中，学校与企业合作的内容与形式多种多样，在形式上，学校与企业的合作模式有订单式人才培养模式、工学交替式人才培养模式以及"2+1"人才培养模式，等等。从合作的层次来看，学校与企业还可以根据人才培养的需要展开深层次合作或中浅层次的合作。从合作主体来看，既可以是学校与企业之间的全面合作，也可以是学校部分专业与企业相关生产部门之间的合作。

在合作内容上，校企协同育人也呈现多样性的特点。校企协同育人首先要求学校与企业在人才培养上展开合作，在这一前提下，学校与企业还可以充分共享信息资源，为人才培养的内容与方向提供参考。校企双方可以联合组织教师培训，为人才培养提供良好的师资保障；学校与企业还可以充分发挥自身的资源优势，在科研领域展开合作，促进行业的优化升级与学校科研水平的提升。

校企协同育人的多样性是创新校企协同育人模式的重要途径。校企协同育人模式并不是一成不变的，无论是合作内容，还是组织形式，都需要不断地进行更新和优化。当今时代，知识与信息的更新速度非常迅速，校企协同育人作为一种人才培养方式，其重要任务就是为未来社会的发展提供高素质人才，而高素质人才必须符合时代发展的需要，这就要求校企协同育人必须不断根据实践的变化丰富教学内容，优化人才培养模式。因此，保持校企协同育人的多样性是创新校企协同育人模式、实现校企协同育人可持续发展的重要途径。

校企协同育人的多样性也是校企之间展开成熟合作的重要标志，只有全面、深入的合作才能呈现多样性的特点。因此，多样性既是校企协同育人过程中所展现的特性，也是衡量校企协同育人发展水平的重要标志。

（七）文化性

校企协同育人既是一种基于共同发展目标的教育、科研合作，也是一种基于共同利益的经济合作，又是一种基于共同价值观的文化合作。

文化性是当今时代企业发展的显著特征，目前许多企业已经形成了各具特色的企业文化，企业文化包括发展理念、企业制度、管理形式、工作态度以及工作氛围，等等。企业文化是企业软实力提升的重要保障，是企业发展壮大的重要根基，也是企业凝聚人心的重要手段。因此，如果企业想实现长足的发展，就必须加强文化建设。

校园作为育人场所，其文化建设自然十分重要。校园文化对于学生的心理和行为产生具有重要影响，良好的校园文化可以促进学生身心的健康发展，使学生沐浴在美的氛围中，充分调动学生的积极性和主动性，提升其学习效率，有利于学生良好学习习惯的养成；相反，不健康的校园文化会对学生的成长和发展产生十分不利的影响。学生的身心健康是其正常学习、生活、交往、发展的前提和基础，校园文化会直接影响学生心理健康的发展。同时，校园文化还彰显着学校的办学理念与治学态度，是一个学校鲜活的名片，同时能起到凝心聚力、鼓舞斗志的作用。因此，校园文化的建设应该得到高度重视。

校企协同育人的文化性主要体现在两个方面，分别是育人过程的文化性、学校与企业的文化合作。

从人才培养的角度来看，高素质技能型人才不能只接受学校文化的洗礼，还需要一定企业文化的熏陶，这样学生在参与校企协同育人的过程中，既学习到了理论知识，又掌握了实践技能，还接受了企业文化的熏陶，有利于学生形成积极认真的工作态度，帮助学生更加深入地接触和了解社会，从而顺利地实现从校园到企业的过渡。

从文化合作与交融的角度来看，在校企协同育人的过程中，企业文化与学校文化进行充分的交流，可以互相渗透，不断丰富企业文化与学校文化，企业应该充分认识到知识经济时代的特征以及教育对于社会发展的巨大推动作用，将校园文化中崇尚知识、重视科研等理念引入企业文化，学校也应将企业文化引入日常的教学管理活动中，帮助学生提升对于工作实践的认识，使之成为教学环节的重要组成部分。学校与企业通过文化的深入合作，完善校园文化的职业氛围，提升企业文化的层次，在文化层面实现校企融合，使学生更加顺利地从学校向企业过渡。

三、校企协同推进大学生大国工匠精神培育的路径

（一）深化校企合作

在中国特色社会主义建设的新时代，工匠精神的培育已经成为人才培养的重要方向。高校作为人才培养的基地，肩负着对学生进行全面培养的责任，而企业则是学生实践技能和发展能力的重要场所。因此，深化校企合作对于大学生大国工匠精神的培育至关重要。

高校和企业之间的合作可以建立在相互尊重、平等互利的基础上，共同为大国工匠精神的培育设定目标、明确任务、制订合作计划。大学可以利用其在教育和研究上的优势，提供技术研发和人才培养的支持，为企业提供理论知识和专业技能的储备，也为大学生提供宝贵的实践机会。大学生可以通过参与到实际工作中，理解并体验工匠精神的内涵，提高自身的专业技能，培养职业素养，形成良好的工作态度和习惯。与此同时，企业可以利用其产业资源，为高校提供实习实训和就业创业的平台。实习实训不仅可以让学生提前适应社会工作的节奏和要求，也可以让他们更好地理解和把握自己的职业方向。同时，通过在企业的实习和实训中，学生可以将所学的理论知识转化为实际操作能力，从而更好地理解和掌握工匠精神。在这个过程中，企业也可以发现和挖掘优秀的人才，为自己的发展提供人力资源保障。在这样的合作模式中，高校和企业可以相互交流、相互学习、共享资源、优势互补。这不仅可以更好地推动大国工匠精神的培育，也有利于提高高校的教育教学质量，增强企业的竞争力，从而促进社会经济的持续健康发展。

此外，校企合作还可以通过开展联合研究项目、共建研究中心、设立奖学金等多种方式进一步深化，实现高校的教育教学与企业的生产经营紧密结

合，共同推动大国工匠精神的培育，为建设创新型国家、培养更多优秀的工匠型人才做出更大贡献。

（二）创新教学模式

教学模式的创新是推进大学生大国工匠精神培育的关键环节。教学不再是单向的知识传递，而是要通过双向的互动，引导学生主动学习，激发他们的学习兴趣和求知欲望。在教学过程中，大学可以引入企业的实际案例和实践经验，让学生通过观察、分析和解决实际问题，提高自身的实践能力和创新能力。同时，企业也可以参与到课程的设计和教学的实施中来，使教学内容更贴近产业需求、更符合工匠精神的要求。这样的教学模式不仅可以使学生在理论学习和实践操作中得到全面的发展，也可以让他们更深入地理解和体验工匠精神。

为了更好地融入工匠精神，大学还可以在教学模式上进一步创新。例如，可以设立特定的工匠精神课程，通过讲解工匠精神的理论知识和具体实例，让学生对工匠精神有更深入的理解；可以开展项目导向的实践教学，让学生在完成具体的项目任务中，体验工匠精神的独特魅力；还可以通过模拟企业的工作环境，让学生在仿真的实践环境中，提前适应企业的工作节奏和需求，培养他们的职业素养和团队精神。

企业也可以在教学模式的创新中发挥重要作用。企业可以提供真实的工作场景，让学生在接触实际工作的同时，体验工匠精神的具体实现；企业也可以邀请具有丰富工作经验的员工担任客座讲师，分享他们的工作经验和职业发展路径，启发学生的职业规划；企业还可以与大学共同开发和实施一些面向未来的创新项目，让学生在解决实际问题的过程中，锻炼创新能力和解决问题的能力。这样的校企合作不仅可以使教学内容更加符合产业的实际需求，而且可以为学生提供一个更加真实和丰富的学习环境，让他们在理论学习和实践操作中，更好地体验和理解工匠精神，进而更好地培养工匠精神。

（三）建立实习基地

实习基地是连接学校和企业、理论与实践的重要桥梁。大学与企业共建实习基地是一种双赢的合作方式。一方面，它可以为大学生提供宝贵的实践机会，让他们有机会走出课堂，走进真实的工作环境，直接接触工作现场，了解并亲身参与到生产流程中，从而掌握专业技能，提升个人能力；另一方面，他们可以在实际的工作环境中，亲身体验工匠精神的核心价值，如精益求精、持之以恒等。企业也可以通过实习基地，更直接、更深入地了解大学生的思想动态和能力素质，培养和选拔优秀的人才，为企业的发展提供人力资源保障。同时，企业也可以通过学生在实习基地实习，向学生传递企业文化，塑造良好的企业形象，提高企业的社会影响力。

建立实习基地不仅仅是设立一个让学生实习的场所，更是一个涵盖课程设计、实习指导、能力评估等多个环节的复杂系统。大学和企业需要共同努力，制订详细的实习计划和实习指南，为学生提供全方位的实习支持。例如，可以根据实习岗位的性质和要求，定制个性化的实习课程，引导学生在实习中学习和实践；可以设置专门的实习指导教师和企业导师，对学生的实习进行有效的指导和监督；可以建立科学的实习评价机制，对学生的实习成果进行客观、公正的评价。

实习基地的建立使得大国工匠精神的培养更加接地气、更加贴近实际。不仅使学生有机会将所学知识运用到实际工作中，更为他们提供了一个了解社会、了解行业、了解自我，真正实现知识与技能、理论与实践相结合的平台。在这个过程中，学生不仅可以提升自身的专业素养，也可以在不断的挑战和探索中，激发内心的工匠精神，并将这种精神真正融入自己的学习、生活和工作中。

第三节　产学研融合理念融入大学生大国工匠精神培育

一、产学研合作概述

产学研合作是协同理论在教育实践中最典型的应用之一，我们可以从产学研合作这一模式中深入理解协同理论。

（一）产学研合作的内涵

产学研对应的三个主体，分别是企业、高校与科研机构。产学研相结合，指的就是生产、教育与科研三种不同类型的社会活动的协同化发展，企业、高校与科研机构充分利用自身的资源优势，发挥自身的功能，形成合力，使生产、教育与科研互相促进、相辅相成，通过教育为社会与行业培养高素质人才，并通过科研实现企业的技术创新，提升企业竞争力和行业发展水平。同时，企业为教育和科研提供实践场所与资金支持，促进教育和科研的发展，学校、企业与科研机构共同努力，最终实现产学研共同发展。

在产学研相结合的发展模式中，企业既是生产活动的主体，也是技术和人才的需求方，教育与科研的直接目的是为企业提供人才和智力支持。国家十分重视应用型人才的培养，产学研相结合的理论帮助国家探索出一套应用型人才培养的新模式。2010年，国务院常务会议审议并通过的《国家中长期教育改革和发展规划纲要（2010—2020年）》明确提出：要创立高校与科研院所、企业、行业联合培养人才的新机制。

（二）产学研合作的功能

产学研合作创新了我国应用型人才的培养机制，为我国应用型人才的培养探索出了新的路径。

从个人发展的角度来看，产学研合作能够将理论知识学习与实践技能训练充分进行结合，使人才能够更好地将所学知识运用于实践中，并通过实践深化学生对于知识的理解，帮助人才更加平稳地实现从校园到企业的过渡，完善人才的知识与技能体系，并提升就业率。

从行业和企业发展的角度来看，产学研合作能源源不断地为企业提供人才和技术支持，为企业培养高素质应用型人才，从而提升企业的市场竞争力，帮助企业产生更多的经济效益。服务与技术升级对于企业来说是十分必要的。企业的生存与发展如同逆水行舟，不进则退。企业要想在激烈的市场竞争中站稳脚跟，就必须不断升级自己的服务与技术，提升自己的市场竞争力，只有这样，才能在行业竞争中占据优势。

产学研合作对于科研机构同样具有良好的促进作用，科研机构具有强大的科研能力，但是缺乏实践支撑，其实践案例大多体现的也是其他企业发展的间接经验，经典案例的间接经验当然具有参考价值，但还有一部分间接经验存在一定时效性，随着技术的进步与全球化的不断深入发展，各行业风云变幻，新的经营理念、经营模式以及业态不断涌现，许多相对陈旧的案例与实践经验不足以支持当前的科研活动，而运用这些案例开展科研，难以得到理想的研究成果。企业拥有充足的经营经验，既可以为科研机构提供大量的研究样本和实践案例，也可以为科研机构提供实验场所。另外，高校也能为科研机构提供强有力的智力支持，源源不断地为科研机构输送人才，确保科研活动高质量开展。[1]

综上所述，产学研的充分结合能够实现学校、企业、科研机构与个人的多方共赢，可谓一举多得。

二、产学研融合理念融入大学生大国工匠精神培育的意义

（一）促进教育的现代化和国际化

在信息爆炸的现代社会，知识更新的速度越来越快，社会对于人才的需求也越来越多元化。而教育的目标就是要培养出适应社会发展、具有创新精

---

[1] 柴蓓蓓.信息时代下高等职业教育发展 [M].长春：吉林出版集团股份有限公司，2020.

神和实践能力的人才。在这个背景下，产学研融合这种新型的教育模式应运而生，它打破了传统教育的边界，构建了一个开放、协同、共享的教育生态系统。而大国工匠精神就是在这个生态系统中孕育和发展起来的。

大国工匠精神是对一种精益求精、持续创新、服务社会的工作态度的赞扬。它倡导的是一种以实干精神和职业道德为核心的专业素养、一种以创新和求实为动力的工作方法、一种以贡献社会为目标的价值取向。这种精神与产学研融合的理念有着天然的契合性。

在产学研融合的教育模式下，大学生可以获得最新的知识和技术，深入了解和参与到真实的工作环境中，从而更好地理解社会和行业的发展，提升自身的创新能力和竞争力。这种模式可以帮助大学生在理论学习与实践操作中不断感悟和提升工匠精神，使这种精神真正融入他们的学习和生活中。这里，产学研融合不仅仅是一种教育模式，而且是一种培养和提升工匠精神的平台。在这个平台上，大学生可以接触一线的生产和工作，了解企业的运营和管理，体验创新和创业的过程。他们可以在实践中锻炼和提升自己的专业技能，感受工匠精神的内涵和魅力，深化于专业知识和技术的理解，提升自己的实践能力和创新能力。在这个过程中，大学生不仅可以了解社会和行业的发展，还可以提升自己的创新能力和竞争力。他们可以在获取新知识和新技术的同时，培养实践能力和创新能力，进一步提高就业和创业的成功率，而这种能力，正是工匠精神的核心所在。大国工匠精神就是要求我们有卓越的技艺、创新的思维、实干的精神。这些都是产学研融合教育模式所倡导的。

当然，产学研融合不仅仅可以提高大学生的知识和技术水平，而且可以培养他们的职业素养和社会责任感。大学生在实践中，可以体验企业的经营和管理，了解社会的需求和期望，感受创新和创业的挑战与机遇。他们可以在这个过程中，理解和实践工匠精神，培养和提升自己的职业素养和社会责任感。

由此可见，产学研融合的教育模式是大国工匠精神培育的重要途径。它能够将工匠精神融入教育教学的全过程，使大学生在学习和实践中，感受工匠精神的魅力，提升自己的专业素养和社会责任感，为社会的发展做出更大贡献。

（二）提高大国工匠精神的培育效果

当今时代，科技进步与社会变革正以前所未有的速度改变着我们的生活和工作。在这种背景下，工匠精神以其卓越的技艺、深沉的专注、持久的耐心，以及对完美的执着追求显得尤为珍贵。它鼓励我们以一种创新的、求真务实的态度面对生活和工作，以一种精益求精的精神去追求卓越。在这个意义上，工匠精神不仅是一种工作态度，而且是一种生活态度。

而现今的大学生作为新时代的接班人，更需要通过学习和实践来提升自己的技术技能，锤炼创新思维，磨炼工匠精神。这就需要教育方式进行深度改革，打破传统的教学模式，构建一种能够让学生在实践中学习、在实践中提升、在实践中创新的新型教育模式。而产学研融合就是这种模式的一种。在产学研融合的过程中，大学生可以直接接触最新的科研成果，参与到真实的生产和工作中，深入了解社会和行业的需求。在这个过程中，他们可以体验科技创新的乐趣，理解工匠精神的内涵，提升自己的专业技能和社会责任感。这种模式可以让大学生在学习和实践中，不断感悟和提升工匠精神，使这种精神真正融入他们的学习和生活中。

产学研融合强调的是一种以实践为主、以创新为动力、以服务社会为目标的学习方式。在这种方式下，大学生可以深入了解和参与到科研项目和创新实践中，体验科技创新的过程，理解工匠精神的内涵。在这个过程中，大学生不仅可以提升自己的技术技能，而且可以锤炼自己的创新思维，培养自己的团队协作能力，提高自己的社会责任感。他们可以在实践中，了解社会和行业的需求，感受工作的压力和挑战，体验创新的乐趣和满足感。这样，他们就能在实践中，真正理解和感受工匠精神的魅力，提升自己的专业素养和社会责任感，为社会的发展做出更大贡献。

产学研融合的教育模式不仅可以提高大学生的知识和技术水平，而且可以帮助他们理解和实践工匠精神，培养他们的职业素养和社会责任感。这对于培养新时代的接班人、推动社会的发展具有重要意义。所以，我们有必要在大学生的教育中，深入推进产学研融合的教育模式，以培养他们的大国工匠精神。

（三）推动社会的进步和发展

工匠精神和创新能力被视为推动社会发展的重要驱动力，而产学研融合则是一种激发和培养这些能力的有效方式。在产学研的环境中，大学生可以参与到真实的生产和研究活动中，亲身体验科技创新的过程，理解工匠精神的内涵，提升自己的创新能力。同时，他们也可以将所学知识应用到实际工作中，从而提升自己的专业素养，为社会的发展做出贡献。

产学研融合的实施对国家科技和经济实力的提升有着直接的推动作用。通过产学研的结合，我们可以更好地进行科技创新，推动行业的发展，提升国家的整体竞争力。大学生作为社会的新生力量，他们的创新活力和工匠精神无疑是推动这一过程的重要力量。

在产学研的环境中，大学生可以接触生产一线的技术，这对于激发他们的创新精神、培养他们的工匠精神具有非常重要的作用。他们可以在这个过程中，深入理解科技创新的过程、感受工匠精神的内涵、提升自己的创新能力和专业素养。同时，他们也可以将所学知识应用到实际工作中，为社会的发展做出贡献。

产学研融合的实施还可以帮助我们培养一批具有创新能力、工匠精神的高素质人才。这些人才不仅具有扎实的专业知识，也具有丰富的实践经验，以及强烈的创新意识和责任感。他们能够在实际工作中，运用所学知识解决实际问题，为社会的发展做出贡献。同时，他们也能够在工作中发扬工匠精神，追求卓越，为我国的科技创新和社会发展提供强有力的人才支持。

产学研融合的实施对于培养大国工匠精神具有重要意义。它可以帮助我们将理论和实践、教育和生产、科研和经济紧密结合。通过这种方式，我们可以培养一批具有创新能力和工匠精神的高素质人才，为社会的发展、国家的富强做出更大的贡献。

三、产学研融合理念融入大学生大国工匠精神培育的路径

（一）建立产学研合作平台

在全球化的时代，科技与经济正在发生深刻变革。要在这种环境下培养具有大国工匠精神的大学生，我们需要打破传统的教育模式，构建一种能够有效连接学校教育、企业实践和科研活动的全新教育模式，这就是产学研合作平台。

建立产学研合作平台，首先需要的是深度合作。学校、企业和研究机构需要以开放的心态、坦诚的态度来建立长期稳定的合作关系。学校可以提供先进的教育理念、丰富的人才资源和强大的科研能力，企业可以提供广阔的实践场所、丰富的实践资源和深厚的行业经验，研究机构可以提供前沿的科研成果、专业的研究设施和严谨的研究精神。这三方通过深度合作、共享资源、互利共赢，形成一种产学研相融合的新型合作模式。

产学研合作平台作用的发挥还需要的是广泛参与。学生作为教育的主体，他们的参与是不可或缺的。在产学研合作平台上，学生可以接触更加广泛的知识、更加深入的实践、更加真实的工作环境。他们可以通过参与科研项目，亲身体验科技创新的过程；通过参与企业实践，亲身感受行业发展的脉搏；通过参与学校教育，亲身实践教育改革的步伐。这种参与式的学习方式不仅可以提升他们的技能水平、增强他们的实践经验，还可以培养他们的工匠精神，形成他们的创新思维。

产学研合作平台还必须是持续发展的。教育是一个长期的过程，需要持续投入和不断更新。产学研合作平台也是如此，需要长期的维护和持续的发展。学校、企业和研究机构需要定期进行交流和协商，根据社会的发展和学生的需求，更新合作的内容和形式，以确保产学研合作的效果。在这个过程中，大国工匠精神作为教育的核心，需要被始终坚守和传承，以确保学生在获取知识技能的同时，能深入理解和体验工匠精神。

建立产学研合作平台是大学生大国工匠精神培育的有效途径。通过与企业和研究机构建立长期的合作关系，创建产学研合作平台，为学生提供更多

实践和创新的机会。这不仅有利于学生的个人发展，也有利于社会的进步和国家的发展。在全球化的时代，我们更需要这种包含大国工匠精神的教育模式来培养适应时代发展、能够主动创新、勇于实践、具有工匠精神的新一代人才。

（二）推进课程体系改革

当今社会，随着科技的快速发展和经济的日新月异，产业需求已经不再局限于纯技能的掌握，而更需要综合性强、有创新精神、有团队协作精神、有实践能力和解决问题能力的复合型人才。而大学作为培养高层次人才的重要基地，其教育教学目标和课程体系必须紧跟时代发展、紧贴社会需求，这样才能更好地完成人才培养的任务。于是，将产学研融合的理念引入课程体系设计中就成为一种必然选择。

当我们谈到产学研融合，首先需要的就是课程体系的改革。在传统的课程体系中，学科知识被划分为独立的模块，学生在学习过程中往往难以感受各学科知识之间的关联，也难以将理论知识与实际需求联系起来。但在产学研融合的课程体系中，知识不再是孤立的，而是互相联系的。在学习过程中，学生不仅可以系统掌握各学科的基础知识，还可以通过实践学习，感受学科知识在实际工作中的应用，体验知识与实践的紧密结合。这种课程体系的改革不仅可以提升学生的实践能力，也可以提升学生的创新能力。

与此同时，产学研融合的课程体系中，还需要设置实践性强、紧贴产业需求的课程。这些课程可以是企业实训、项目研究、工程设计等，它们源于产业的实际需求，紧密结合学生的专业学习，让学生在实践中感受产业的发展动态、了解产业的技术前沿、掌握产业的专业技能、体验工作的实际环境。这种学习方式可以使学生的学习更加贴近实际、更加有针对性，也更有助于他们形成创新思维，培养工匠精神。

在推进课程体系改革的过程中，我们还需要坚持以学生为中心的教学理念。只有让学生真正参与到学习的全过程，才能激发他们的学习兴趣，提高学习效果，使他们在学习中不断提升自己，成为具有创新精神、实践能力、工匠精神的优秀人才。

这样，课程体系改革就不再仅仅是课程的添加和调整，而是一个系统性的工程，涉及教学理念的更新、教学方法的革新、教学内容的丰富、教学效果的提升。只有做到这些，我们才能真正实现产学研融合，培养出符合社会需求、适应产业发展、具有大国工匠精神的高素质人才。

推进课程体系改革，将产学研融合的理念引入课程体系设计中，通过设置实践性强、紧贴产业需求的课程，提升学生的实践能力和创新能力，这既是大国工匠精神传承与创新的一项重要任务，也是一项必须承担的责任。只有这样，我们才能为社会培养出既有深厚专业知识，又有宽广视野、创新思维、团队精神、实践能力、工匠精神的复合型人才，也才能为社会的发展和国家的建设做出更大贡献。

（三）开展项目研究

创新思维和创新能力已经成为当代大学生必须具备的核心素质之一。而工匠精神就是在细节中寻求创新，通过勤奋努力，精益求精，不断提升自我，达到技术的极致。因此，如何通过实践活动培养大学生的创新能力和工匠精神就成为一个重要的教育目标。

为了实现这个目标，开展项目研究就成为一种有效的方式。在项目研究中，学生可以亲身参与到产学研项目和科研活动中，体验创新过程，提升工匠精神。这种方式既可以让学生深入理解和掌握专业知识，又可以让学生了解和掌握科研方法，从而提高他们的科研能力和创新能力。更重要的是，它可以让学生在实践中体验到工匠精神的魅力，培养他们的工匠精神。

在项目研究中，学生可以接触实际问题，通过科研活动，解决实际问题，实现理论与实践相结合，提高他们的实践能力。同时，他们也可以在解决问题的过程中，体验创新的乐趣、感受成功的喜悦，从而激发他们的创新激情，培养他们的创新精神。在这个过程中，他们不仅可以提高自己的专业技能，而且可以锻炼自己的思维能力、培养自己的创新意识、提升自己的工匠精神。另外，在项目研究中，学生也可以与企业和研究机构的专家和教师直接交流，了解产业的最新动态，掌握行业的前沿技术，进而提升自己的专业素养。这种直接的交流不仅可以让学生了解产业的实际需求，而且可以让学生了解工作的实际环境，提前适应职场的氛围，这对于他们的就业和创业无疑是非常有益的。

（四）健全和完善导师制度

导师在大学生的学术成长和职业规划中扮演着至关重要的角色。他们的见解、经验和启示不仅能引导学生在知识和技能的获取上避开弯路，还可以帮助他们在遇到困难和挫折时，找到应对的策略和勇气。在大国工匠精神的培育中，导师的作用同样至关重要。他们的专业素养、人格魅力和工匠精神都可以成为学生学习和模仿的榜样。为了加强这种影响力，在大国工匠精神的传承与创新中，需要健全和完善导师制度。

首先，要从制度层面上明确导师的职责和角色，让他们能更好地发挥指导和帮助学生的作用。导师不仅要指导学生的学习，还要引导他们的思维，培养他们的创新能力，引导其树立正确的价值观。导师要引导学生在学习、研究和实践中，深入理解工匠精神，提升其专业素养。其次，要提供充分的资源和支持，帮助导师更好地履行其职责。包括提供专业的培训，提高他们的教育教学能力；提供充足的时间和空间，让他们能够有更多的时间和精力与学生进行交流，了解学生的需求和问题，提供及时的帮助和指导；提供必要的物质和精神支持，让他们在面对挑战和压力时，能够保持积极和乐观的态度。同时，需要建立有效的导师选拔和评价机制，确保导师队伍的质量。导师不仅要有丰富的专业知识和经验，还要有良好的教育理念和教育方法，有热情和耐心，愿意为学生的成长付出努力。而导师自身也要具备工匠精神，将这种精神传递给学生，激发他们的学习兴趣和热情。此外，要注重促进导师与学生的交流和互动，让他们能够更好地了解和理解彼此，这样不仅可以增强他们之间的关系，还可以帮助他们更好地配合，共同完成学习和研究的任务。为此，可以定期组织导师和学生的交流会，让他们有机会面对面地交流思想和感受，分享经验和成果，激发创新的灵感。

参考文献

[1]亓妍．工匠精神 [M]．延吉：延边大学出版社，2022．

[2]高海生，沈和江．工匠精神研学 [M]．北京：新华出版社，2020．

[3]姜正国．劳动教育与工匠精神教程 [M]．北京：北京理工大学出版社，2021．

[4]梁丽华，郑芝玲，赵效萍．新时代技术技能人才工匠精神培育研究 [M]．杭州：浙江大学出版社，2021．

[5]刘汝伟．新时代职业院校工匠精神培育与传承 [M]．北京：北京工业大学出版社，2018．

[6]刘引涛．崛起职业教育的灵魂：工匠精神 [M]．西安：西北工业大学出版社，2020．

[7]梦婷．工匠精神：价值型员工的进阶之路 [M]．北京：应急管理出版社，2020．

[8]曾颢．师带徒：工匠精神的内涵与培育 [M]．北京：知识产权出版社，2020．

[9]张美青．职业教育与工匠精神的培育 [M]．北京：九州出版社，2019．

[10]张志田．新工科背景下高职院校工匠精神的培育与应用研究 [M]．长春：吉林出版集团股份有限公司，2022．

[11]王雪亘．工匠精神培育与高技能人才成长 [M]．杭州：浙江科学技术出版社，2018．

[12]李娅琦．工匠精神引领下的高职专业建设研究 [M]．长春：吉林出版集团股份有限公司，2021．

[13]苏霄飞，丁锴，丁亮，等.阅读德企：德企文化与工匠精神[M].苏州：苏州大学出版社，2021.

[14]崔学良，何仁平.工匠精神传承创新版[M].北京：中华工商联合出版社，2016.

[15]唐崇健.匠心管理如何铸造工匠精神[M].北京：机械工业出版社，2017.

[16]徐彦秋.当代大学生工匠精神培育研究[M].南京：东南大学出版社，2023.

[17]伍丽娜，夏君.工匠精神[M].天津：天津大学出版社，2022.

[18]南旭光，张培，廖权昌.工匠精神[M].北京：科学出版社，2022.

[19]李强.产学研一体化区域创新体系研究[M].北京：华龄出版社，2018.

[20]郝云亮，刘庆根.工匠精神培育教程[M].北京：高等教育出版社，2021.

[21]于万成.校企合作创新之路[M].北京：机械工业出版社，2020.

[22]朱厚望.职业教育系统培育工匠精神研究[M].北京：电子工业出版社，2020.

[23]王稼伟.培育工匠精神[M].南京：江苏凤凰教育出版社，2019.

[24]王睿文.新时代农业院校大学生工匠精神的培育研究[D].长春：吉林农业大学，2022.

[25]黄宁馨.工匠精神融入新时代高校思想政治教育研究[D].哈尔滨：哈尔滨商业大学，2022.

[26]刘特.新时代大学生工匠精神研究[D].大连：辽宁师范大学，2022.

[27]朱鸿源.工科大学生工匠精神培育研究[D].北京：北京建筑大学，2022.

[28]刘帅岑.大学生工匠精神培育研究[D].北京：北京化工大学，2022.

[29]曹国妮.新时代大学生劳动精神培育研究[D].南昌：南昌大学，2022.

[30]陈虹百.中职思想政治课职业精神素养培育研究[D].鞍山：鞍山师范学院，2022.

[31]王珂.新时代工匠精神培养的现状、问题及对策研究[D].兰州：西北

师范大学，2022.

[32]王秘蜜.当代中国工匠精神的培育路径研究 [D].兰州：西北师范大学，2022.

[33]盛琴琴.工匠精神融入高职院校思想政治教育的时代价值与实践路径研究 [D].绵阳：西南科技大学，2022.

[34]李阳.高职院校学生工匠精神培育研究 [D].南昌：江西科技师范大学，2021.

[35]槐艳鑫.新时代中国工匠精神研究 [D].杭州：杭州师范大学，2021.

[36]殷凯伦.中国传统工匠精神的现代转换 [D].贵阳：贵州大学，2021.

[37]邓佳.新时代大学生工匠精神培育研究 [D].西安：西安科技大学，2021.

[38]倪智鹃.新时代大学生工匠精神培育研究 [D].南昌：南昌大学，2021.

[39]路晓芳.大学生工匠精神及培养研究 [D].沈阳：辽宁大学，2021.

[40]陈梦云.工匠精神的时代价值及培育路径研究 [D].武汉：武汉理工大学，2020.

[41]闫志华.工匠精神内涵结构与影响因素研究 [D].武汉：中南财经政法大学，2020.

[42]罗琪.高职院校学生现代工匠精神培养研究 [D].南充：西华师范大学，2020.

[43]邓玉菲.中国传统工匠精神及其当代继承 [D].曲阜：曲阜师范大学，2019.

[44]伍世英，李哲，许昌.产教融合背景下工匠精神融入高职院校立德树人路径探究：以广州铁路职业技术学院为例 [J].科技风，2023（15）：19-21.

[45]徐保玮.新时代大学生工匠精神培育研究 [J].湖北开放职业学院学报，2023（10）：39-41.

[46]顾理琴.基于企业需求高职院校工匠精神培养路径 [J].现代企业，2023（05）：167-169.

[47]顾理琴.高职院校"工匠精神"培养现状与对策探讨 [J].科技风，2023（12）：25-27.

[48]李铁英，张峰源.工匠精神融入大学生思想政治教育的价值路径论析 [J].

呼伦贝尔学院学报，2023（02）：11-16.

[49]袁晶.基于新时代工匠精神培育的高校思政教育新思路[J].湖北开放职业学院学报，2023（08）：110-111，117.

[50]赵浩杰，吕刚，顾丽霞."工匠精神"视域下高职院校"双师型"教师培育策略研究[J].办公室业务，2023（08）：78-80.

[51]蒋祎，马丽梅.协同育人视域下高职德育实践中工匠精神的培育策略[J].江苏经贸职业技术学院学报，2023（02）：73-76.

[52]王海梅，迟尧林.新时代背景下高职学生工匠精神培育的历史传承与行动路径[J].职业技术，2023（05）：51-56.

[53]吕正娟，许斗，王启俊.工匠精神的理性维度及其培育路径[J].芜湖职业技术学院学报，2023（01）：80-84.

[54]余俊芳，赵梦静.工匠精神融入新时代高职院校劳动教育的路径[J].温州职业技术学院学报，2023（01）：68-72.

[55]贾丽娜.深育工匠精神实现产业强国[J].企业管理，2023（03）：57-59.

[56]宋秦中.高职院校工匠精神养成教育的路径探析[J].苏州市职业大学学报，2023（01）：74-77.

[57]刘丹.高职院校"工匠精神"培育路径研究[J].公关世界，2023（03）：124-126.

[58]李玉田，王奕，李世安.高职学生工匠精神培育研究[J].石家庄职业技术学院学报，2022（06）：61-63.

[59]周静.新时代大学生工匠精神培育研究[J].公关世界，2022（24）：97-98.

[60]丁晓雅.职业教育培育工匠精神的价值及对策[J].教育教学论坛，2022（50）：73-76.

[61]黄金燕."立德树人"视域下高职院校工匠精神教育的研究[J].湖北开放职业学院学报，2022（22）：34-35，41.

[62]万琦."工匠精神"融入应用型高校人才培养的价值研究[J].科技风，2022（31）：145-147.

[63]高成瑨.现代职业教育工匠精神培育路径研究[J].继续教育研究，2022

（12）：51-55.

[64]蒋祎，马丽梅.协同育人视域下高职德育实践中工匠精神的培育策略[J].江苏经贸职业技术学院学报，2023（02）：73-76.

[65]吕前.校企协同育人视域下工匠精神的培育研究[J].食品研究与开发，2023（01）：237.

[66]胡文龙.基于产学研协同视角的新工科人才工匠精神培育探析[J].改革与开放，2022（24）：57-62.

[67]宋春林.德育视野下工匠精神的培育路径研究[J].科教导刊，2022（29）：78-80.

[68]韩宏彦，范泠荷，张瑶瑶，等.工匠精神视域下职业教育院校创新教育实施路径研究[J].数据，2022（10）：156-158.